THAT'S MATH

No.1

这就是数学

数量与数字

米莱童书 著/绘

北京理工大学出版社
BEIJING INSTITUTE OF TECHNOLOGY PRESS

推荐序

作为“人类智慧皇冠上最灿烂的明珠”，数学是一门非常重要的学科。从远古时期的结绳记数、累加计算到现在的大数据和云计算，从稳定的勾股定理、和谐的黄金比例到奇特的分形，从维持基本生存、逐步开发地球到探索广袤宇宙，数学出现在人类认识和改造世界的方方面面，与生活息息相关，并与前沿科学和高新科技不断携手向前。数学是每一位小朋友从背上书包进入学校起就会接触的科目，会伴随他们的整个童年和少年时光。

“良好的开始是成功的一半”，在刚刚接触数学时，建立起对基础概念的科学认识，培养起数学学习的兴趣，是非常关键的一环。《这就是数学》就是一套意趣盎然的数学学科漫画图书，聚焦于数量与数字、计量单位、几何图形、数的运算等核心的数学主题，从对日常生活的观察和感知入手，强化对基础概念的认知和理解，一点点地引导小读者把握数学思维的规律和方法，克服数学入门阶段的学习难点，从而为整个数学学习的历程打下坚实的基础。这套书采用了漫画的讲述形式，每个数学主题的拟人化角色都鲜活生动，选取的例子贴近孩子的生活，还融入了丰富的数学文化与前沿应用，读起来很有意思。

数学来自生活，我们的数学教育也不应该脱离生活。当孩子发现：花朵会盛开3瓣、5瓣或8瓣是有数学规律的；蜜蜂会给自己搭建正六边形的房子是有数学原因的；在自己跟父母讨价还价中其实会动用数学的思维；运用数学的方法不仅可以计算，还可以解释、分析和预测自然、社会，甚至心理上的各种现象……他们就不会再觉得数学冰冷、枯燥了，他们会爱上这个迷人的学科。

愿孩子们能在这套书中感受到数学之美，爱学数学，学好数学。

中国科学院院士、数学家、计算数学专家

郭柏灵

目录

数感大有用

数学家毕达哥拉斯曾说“万物皆数”，世界上的一切都是由“数”构成的。身为一个数，我可太骄傲了！
你可能想说，我只看到太阳、树木、汽车就好了，为什么要管它们的数量呢？不管可不行……
这个鸟妈妈要回去给宝宝们喂食，过去看看。

多亏鸟妈妈感知到鸟宝宝数量的变化，及时发现巢穴里少了一只鸟，才避免了母子分离。

前面有小猴子，
过去看看。

这棵树上有几只
猴子在吃果子。
可这棵树上一只
猴子都没有。
猴子们看到了每棵树上
都有果子，果子的数量
不一样，所以选择了果
子更多的那棵，这样就
可以尽情吃大餐了！

生活中，你常常也会无意或有意地感受到“数”的存在。

不只是数感

现在的道
路上有自行
车、摩托车和汽
车，你能一眼看出
哪个多、哪个少吗？
感知数量是我们具备的技
能，但有些时候，这并不
是一件容易的事儿。

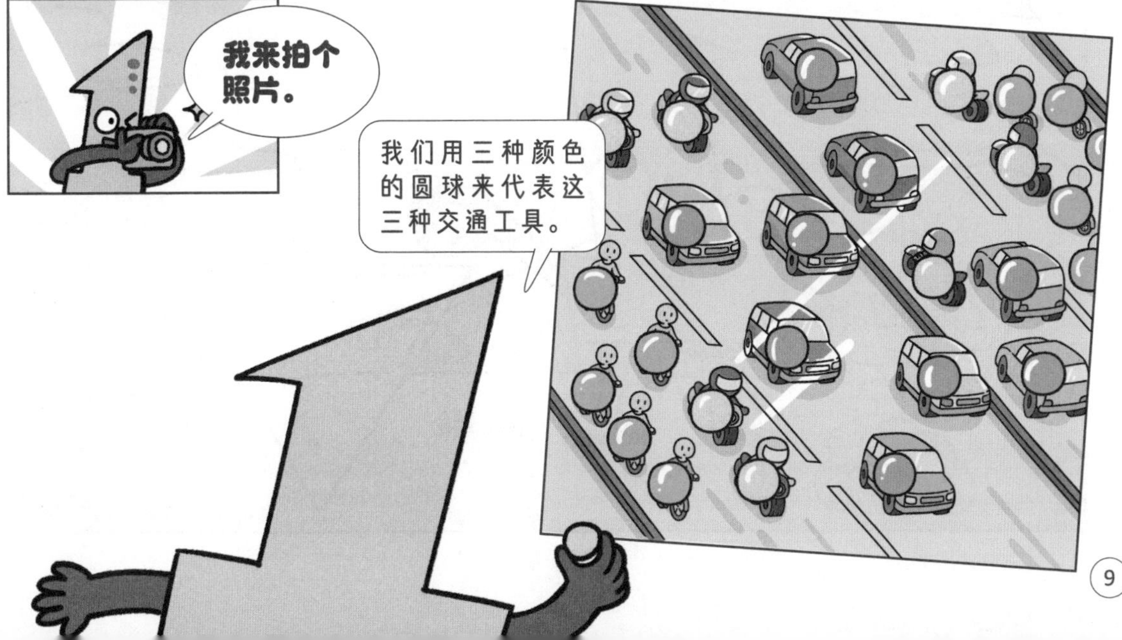
我来拍个
照片。
我们用三种颜色
的圆球来代表这
三种交通工具。

现在我们直接来比较圆球的数量就可以了，不过好像还是不太容易。
有办法了！
我这里有些工具可以帮忙！
我们可以把这些圆球装进这个尖尖的容器里……

它们分别变成了现在的样子：

它们分别变成了
现在的样子：
这就更明显了！三个相同粗细的容器平齐排放，那么球的位置越高，数量就会越多。
我们把具体的事物转换成简单的数球，然后对散乱的数球进行整理，就可以更好地了解它们的数量多少。在数学的世界中，简化和整理是一项非常重要的工作。

在数数时，每个数量都有了自己对应的名字，这就是数字。

进位，进位，向前进位

在这家铅笔工厂里，源源不断的铅笔正从生产线上被生产出来……
一条生产线上一天会生产出这么多根铅笔，要数清它们的数量可不容易。
不过，还是有办法的！
包装车间

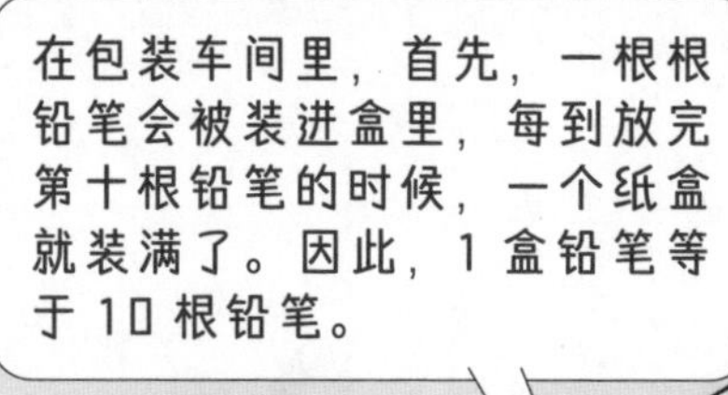
在包装车间里，首先，一根根铅笔会被装进盒里，每到放完第十根铅笔的时候，一个纸盒就装满了。因此，1 盒铅笔等于 10 根铅笔。

在数数的时候，每数到 9，计数器上表示个位的算珠已经摆满，想要表示 10 就需要前进到十位。因此，十位上的 1 表示一个 10。

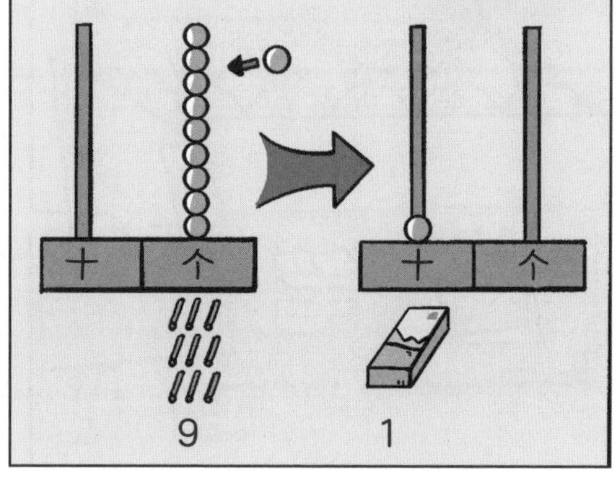
十
个
9
十
个
1

接着，一盒盒铅笔会被装进袋里，每到放完第十盒的时候，一个纸袋就装满了。因此，1 袋铅笔等于 10 盒铅笔，又等于 100 根铅笔。

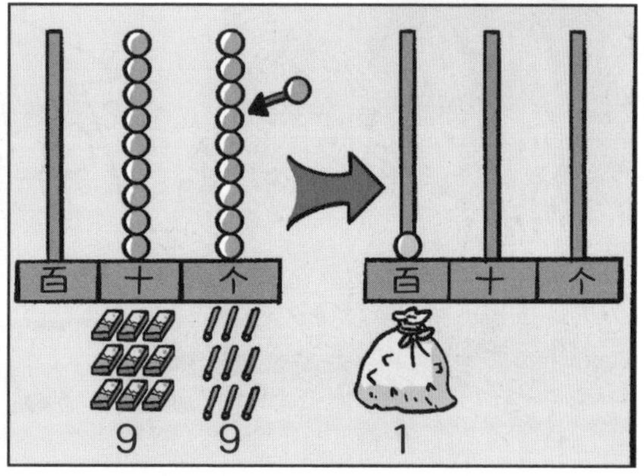
在数数的时候，每数到 99，计数器上表示个位和十位的算珠都已经摆满，想要表示 100 就需要前进到百位。因此，百位上的 1 表示一个 100。
百
十
个
9
9
百
十
个
1

然后，一袋袋铅笔会被装进箱里，每到放完第十袋的时候，一个纸箱就装满了。因此，1 箱铅笔等于 10 袋铅笔，等于 100 盒铅笔，又等于 1000 根铅笔。
笔

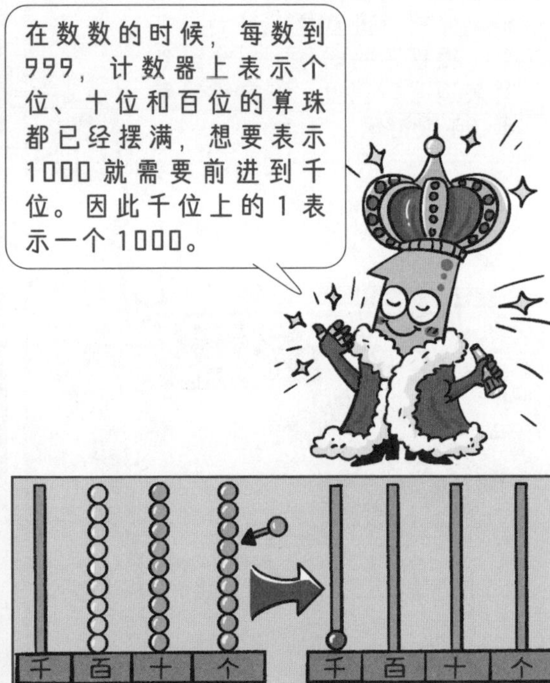
在数数的时候，每数到 999，计数器上表示个位、十位和百位的算珠都已经摆满，想要表示 1000 就需要前进到千位。因此千位上的 1 表示一个 1000。
千
百
十
个
9
9
9
千
百
十
个
铅
笔
1

总结一下：千位上的数字是几，就代表有多少个 1000，百位上的数字是几，就代表有多少个 100，十位上的数字代表有多少个 10，个位上的数字代表有多少个 1。这样，总共有多少铅笔就一目了然啦！
铅
笔

在进位时，我们每次都是满十向前一位进一，这叫作十进位制。那么进位时为什么要选择10这个数字呢？
千
10
百
十
个
这是因为人们有10根手指，所以十个十个地来计数最为方便。
要是别的星球上的外星人有8根手指，那么他们很可能会采用八进位制。
在地球上，除了十进位制，还存在很多其他的进位制。

多样的进位制

在广阔的西伯利亚大草原，楚科奇人以放牧驯鹿为生。日常生活中，他们会用“二十进制”来清点鹿群的数量。

在数数时，如果把双脚也加进来，一个人的手指和脚趾加起来总共是20。

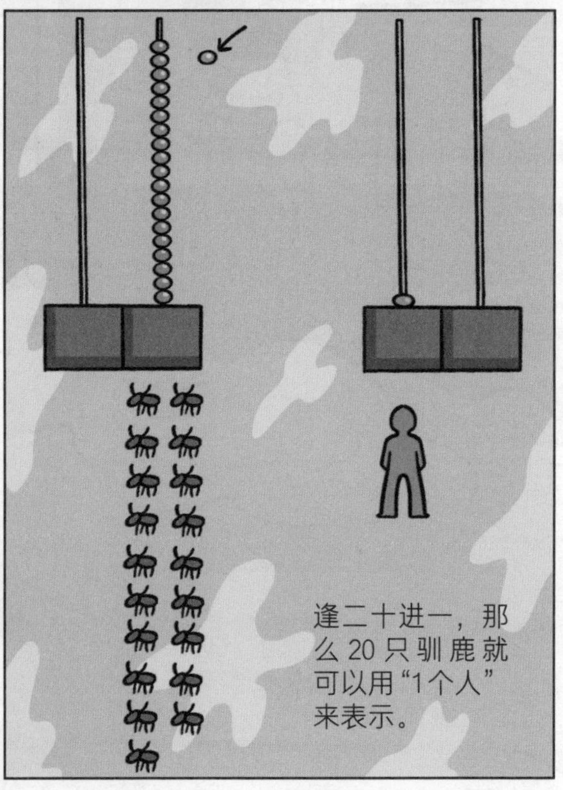
逢二十进一，那么20只驯鹿就可以用“1个人”来表示。

我有“5个人”的驯鹿。
5个人，具体对应多少只驯鹿呢？
“1个人”代表20只驯鹿，“2个人”代表40只驯鹿……那么“5个人”就代表100只驯鹿！这就是二十进位制的用法。
1个人→20只驯鹿
1个人→20只驯鹿
1个人→20只驯鹿
1个人→20只驯鹿
1个人→20只驯鹿
二十进位制有点复杂啊！有没有更简单的进位制呢？

二进制
在快速运转的计算机世界里，使用的是非常简单的“二进制”。
呈现在计算机屏幕前五花八门多姿多彩的信息，背后其实都是数据，我带你去看一看……
逢二就要进一，所以在计算机的语言里只有0和1两个数字，这让计算机的数据结构看起来非常简单。
在计算机中，1和0可以分别表示电路的通与断，这对于数据的存储、传送和处理都很方便。

我们来看看
怎样用二进制
表示数量……

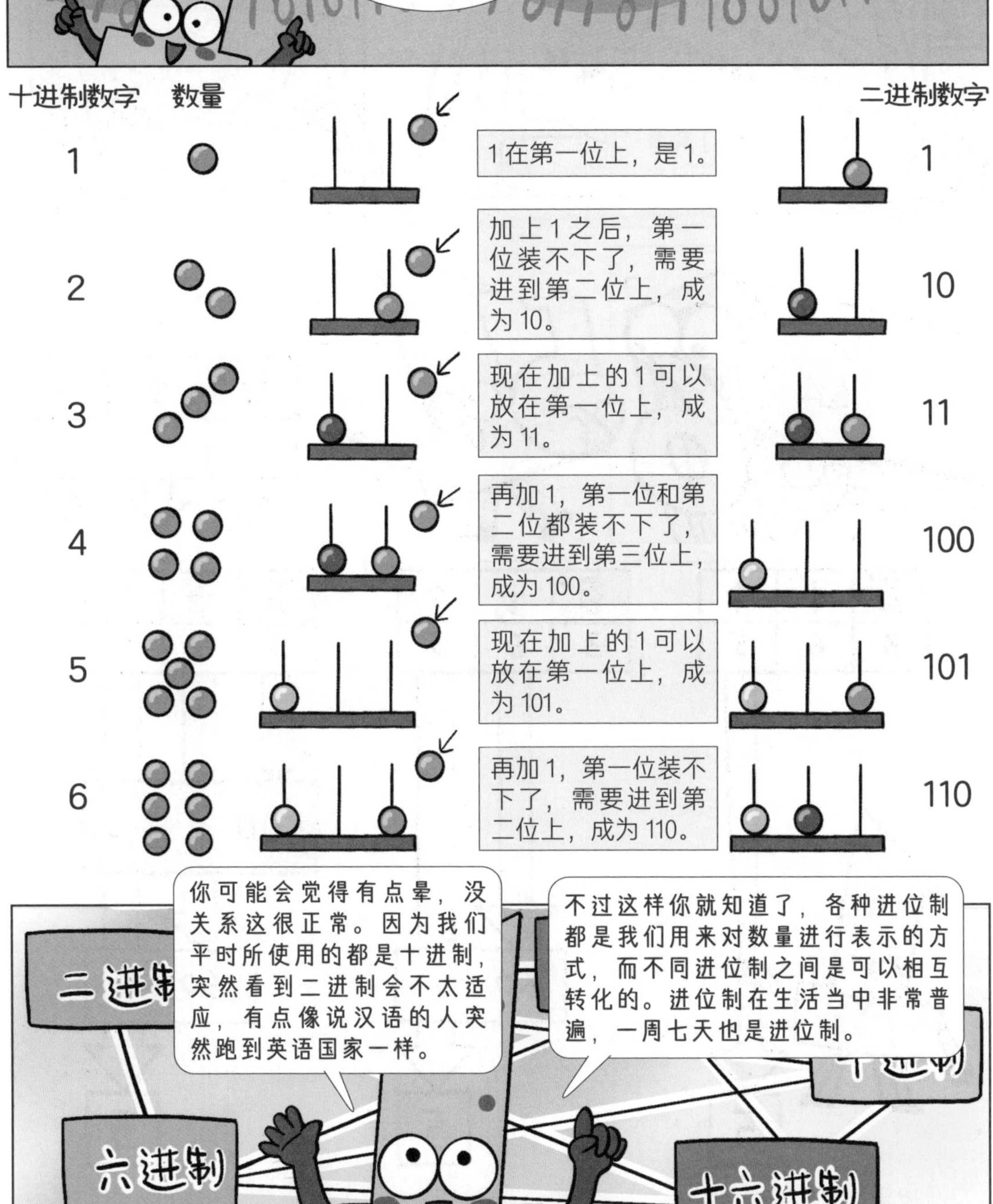
十进制数字
数量
二进制数字
1
1在第一位上，是1。
1
2
加上1之后，第一位装不下了，需要进到第二位上，成为10。
10
3
现在加上的1可以放在第一位上，成为11。
11
4
再加1，第一位和第二位都装不下了，需要进到第三位上，成为100。
100
5
现在加上的1可以放在第一位上，成为101。
101
6
再加1，第一位装不下了，需要进到第二位上，成为110。
110
你可能会觉得有点晕，没关系这很正常。因为我们平时所使用的都是十进制，突然看到二进制会不太适应，有点像说汉语的人突然跑到英语国家一样。
不过这样你就知道了，各种进位制都是我们用来对数量进行表示的方式，而不同进位制之间是可以相互转化的。进位制在生活当中非常普遍，一周七天也是进位制。
六进制
十六进制

零不代表“没有”

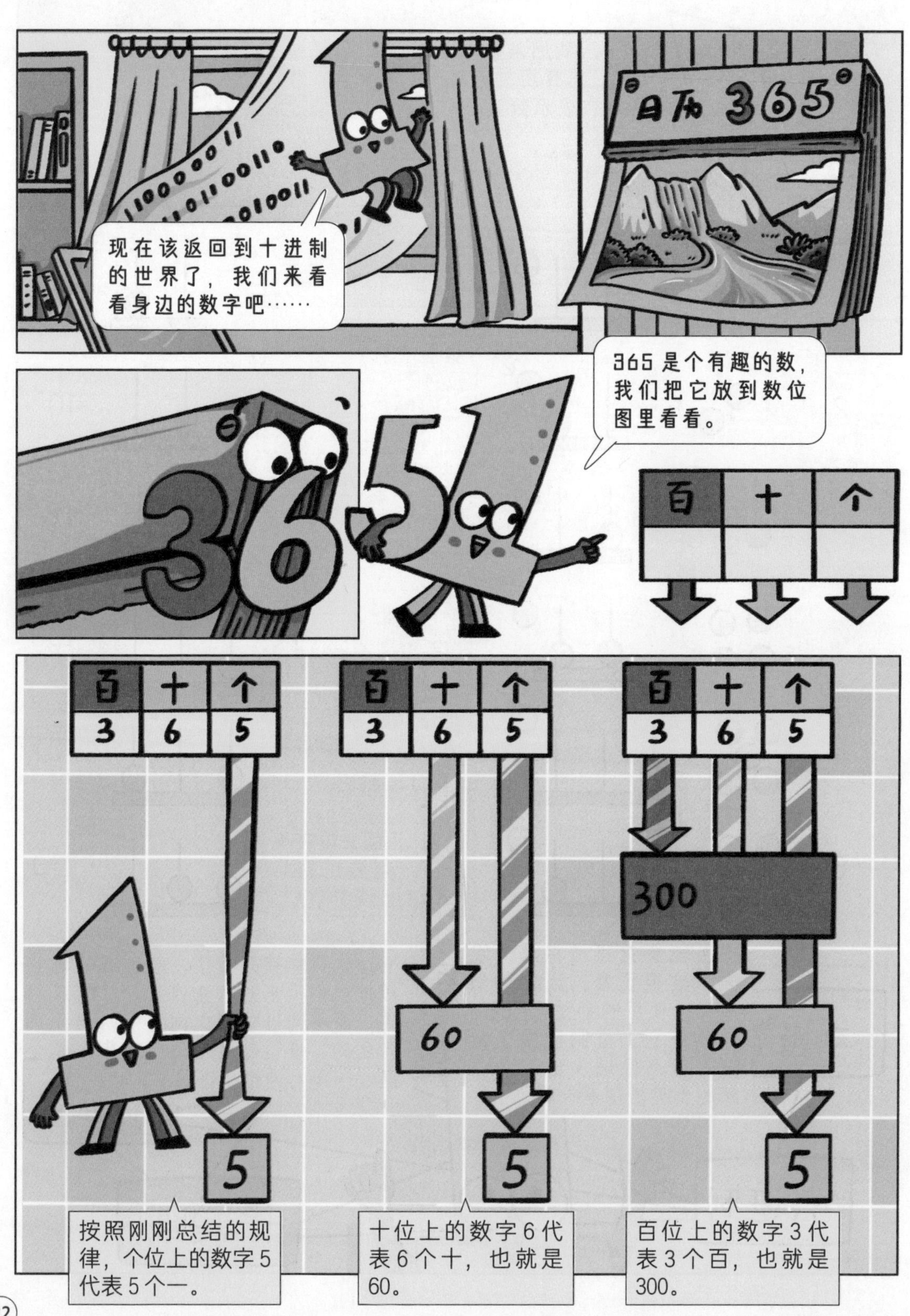

日历 365
现在该返回到十进制的世界了，我们来看看身边的数字吧……
365是个有趣的数，我们把它放到数位图里看看。
百 十 个
百 十 个
3 6 5
5
按照刚刚总结的规律，个位上的数字5代表5个一。
百 十 个
3 6 5
60
5
十位上的数字6代表6个十，也就是60。
百 十 个
3 6 5
300
60
5
百位上的数字3代表3个百，也就是300。

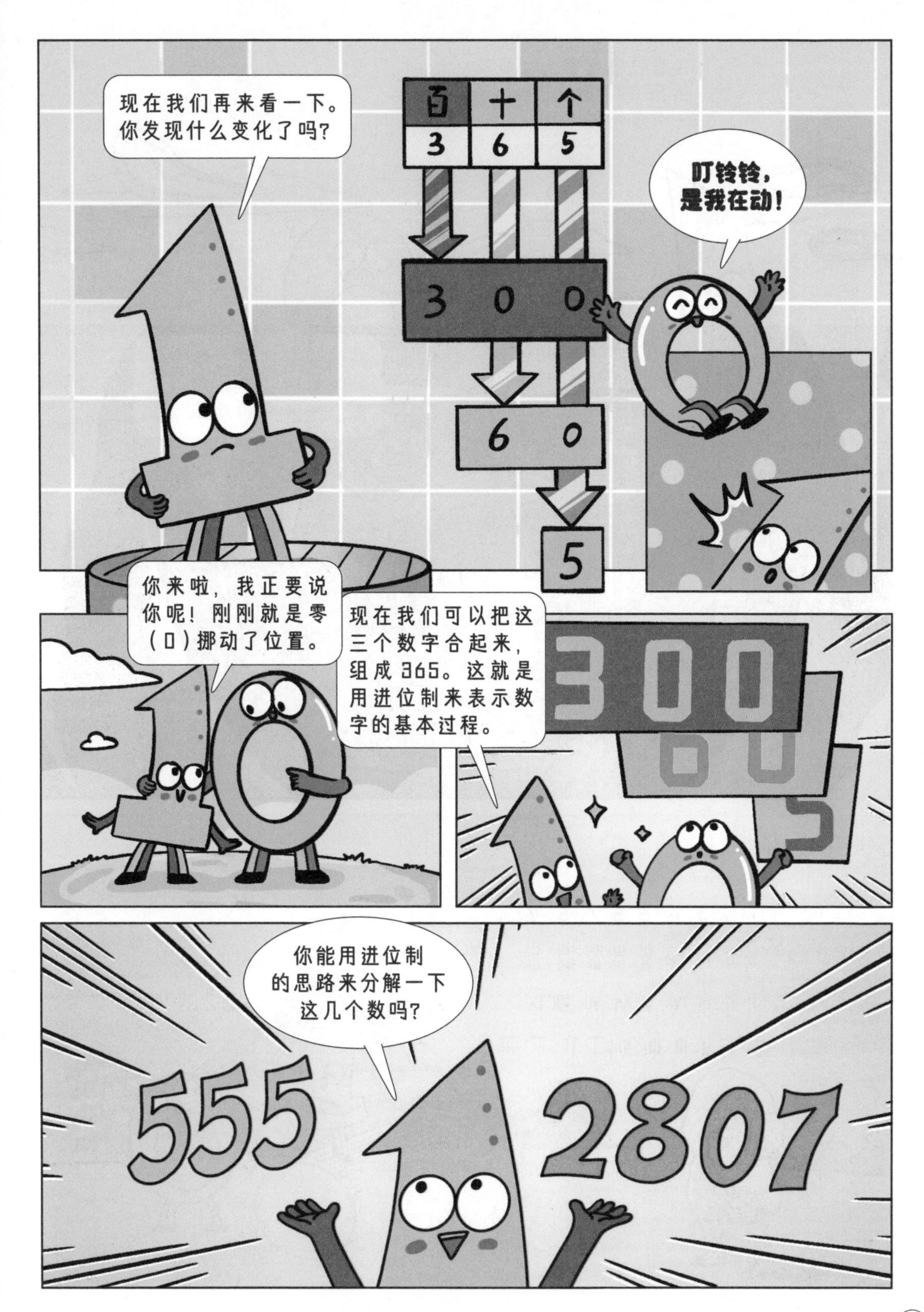
现在我们再来看一下。
你发现什么变化了吗？
百 十 个
3 6 5
3 0 0
6 0
5
叮铃铃，
是我在动！
你来啦，我正要说你呢！刚刚就是零（0）挪动了位置。
现在我们可以把这三个数字合起来，组成365。这就是用进位制来表示数字的基本过程。
300
你能用进位制的思路来分解一下这几个数吗？
555
2807

在进位中常常会出现0，然而0的出生却经历了一个艰难的过程……
我们现在使用的数字符号叫作阿拉伯数字，它是全球通用的。
0 1 2 3 4 5 6 7 8 9

往前追溯，在几大古文明中，都早早各自出现了用来表示数量的数字符号。
阿拉伯数字 1 2 3 4 5 6 7 8 9
古埃及数字
古罗马数字 I II III IV V VI VII VIII IX
中国筹算记数
我的样子看起来都差不多，一如既往的高挑帅气啊！
里面没有我……
当时的人们认为只有具体的数量需要用数字符号来表示，什么都没有也就不用做标记，因此不需要专门的数字符号。

不过，当人们想用数字表示 10 以上的数值时，因为没有 0，麻烦就出现了。
比如我们在古埃及浮雕上看到了 3 和 6 这两个数字，在十进制中，它究竟表示 36、306 还是 360 呢？我们就无法知道。
为了解决这个问题，人们先是使用空格来进行区分，这样 36 和 306 可以分别用 36 和 3 6 来表示。
但当空格出现在数字末尾时就不方便了，我们还是无法知道 36 究竟表示的是 36 还是 360。
还是让我来吧！
0 的出现完美地解决了这个问题！
我是 0，但我并不只表示什么都没有，当我出现在其他数字身边时，我就成了一个占位符！

大数有多大

你当了占位符可以表示很大的数，应该知道宇宙有多大吧？
这个……我也说不好，总之是很大很大，得用很多很多的数字来表示。
我决定出去看一看！
1.5
放心，我最擅长的就是长途旅行了！
路上注意安全啊！

150000000000
数清楚了吗？从地球到太阳的距离，是150000000000米，这是一个很大的数值！
大数都有很多位数，为了方便表达，每个数位都有自己的名字。
1000 千
1 0000 万
10 0000 十万
100 0000 百万
1000 0000 千万
1 0000 0000 亿
10 0000 0000 十亿
100 0000 0000 百亿
1000 0000 0000 千亿
1 0000 0000 0000 兆
150000000000
一千五百亿
这样说来，地球到太阳的距离，是一千五百亿米。

你能读出这些大数吗？
约400000米
近400000000米

你可能觉得大数离自己很遥远，其实并不是这样的。让我们用刚刚了解的大数来重新认识一下自己！
每时每刻，你的心脏都在跳动，每分钟会跳 70~80 次。一天要跳动约 10 万次。一年则要跳动约 3650 万次。如果活到 85 岁，你的心脏一生大约要跳动 30 亿（3000000000）次！
在生命的最开始，只有受精卵 1 个细胞。
半天之后，一个细胞分裂成 2 个细胞。
三天之后，有了12个细胞。
三周之后，有了 10 亿多个细胞。
三个月之后，有了 1 兆多个细胞。
现在，你的身体里有大约 100 兆（100000000000000）个细胞！
在你的身体里，有着比细胞数目更多的细菌，不过多数细菌都是有益的，它们在你的肠胃中帮助你消化食物。

我们在说大数时，常常并没有给出非常精确的数值，而是一个大概的数值。
大约
约
大概
近
多
比如，2020 年我国第七次人口普查的精确数值是 1443497378，是不是非常复杂难记？
第七次人口普查
1443497378
当我们不需要精确计数时，为了方便记忆或计算，可以对数值进行简化，用近似数来表示。
1443497378
14 亿多
在你身边，还有很多跟你一样的小伙伴。在中国，有 14 亿（1400000000）多人，全世界有 80 多亿人！
当需要精确计数和比较时，情况就不一样了……

比比谁大谁小

日日鲜
面包:
1020
蛋挞:
3078
这附近最近新开了两家面包店，我们来看看它们的销量……
一点甜
面包
891
蛋挞
3108

在生活中，我们常常需要对数量进行比较，数字可以表示数量，我们可以直接通过数字来比较大小。

比较大小时所用的符号叫作比较符号，包括大于号、小于号和等于号。这个符号中尖尖的一头总是指向更小的数。

1020
891
3078
3108
下面我们就来看看，这两组数中，哪个数更大，哪个数更小呢？

在比较大小时，我们可以先把两个数按照个十百千的数位来对应排放。
千 百 十 个
1 0 2 0
8 9 1
不同数位间的层级是非常森严的。
就像在年级顺序上，小学一年级比幼儿园大班年级高，初中一年级比小学六年级年级高一样。
< <
... 99 100...999 1000...
对于不同位数的数，最小的百位数比最大的十位数大，而最小的千位数也比最大的百位数大。

1020
891
因此，当两个数的位数不同时，位数多的那个数会更大！

我们接着来比比 3078 和 3108 这两个数。
3108
3078
千 百 十 个
3 0 7 8
3 1 0 8
这两个数的位数一样，该怎么办呢？
同样地，首先还是将两个数按照数位的顺序来对应排放。
既然直接比较位数行不通了，我们就来看具体的数字，当然要从最高位开始看，最高位上的数字影响是最大的。
千 百 十 个
3 0 7 8
3 1 0 8

千
百
十
个
3
3
这两个数的最高位都是千，千位上的数字都是3，看来通过比较千位没法比出大小。

千
百
十
个
3
0
3
1
我们再来看百位，1比0大！

千 百 十 个
3 0 7 8
3 1 0 8
现在我们还需要比后面吗？
已经不用啦！高位上的数字大，那么整个数就会更大。200比199大，6000比5999大！

因此，在位数相同的情况下，我们需要从高到低依次来比较每个数位上的数字大小，在比较中一旦一方出现了更大的数字，这个数整体就会更大。
千 百 十 个
3 0 7 8
3 1 0 8

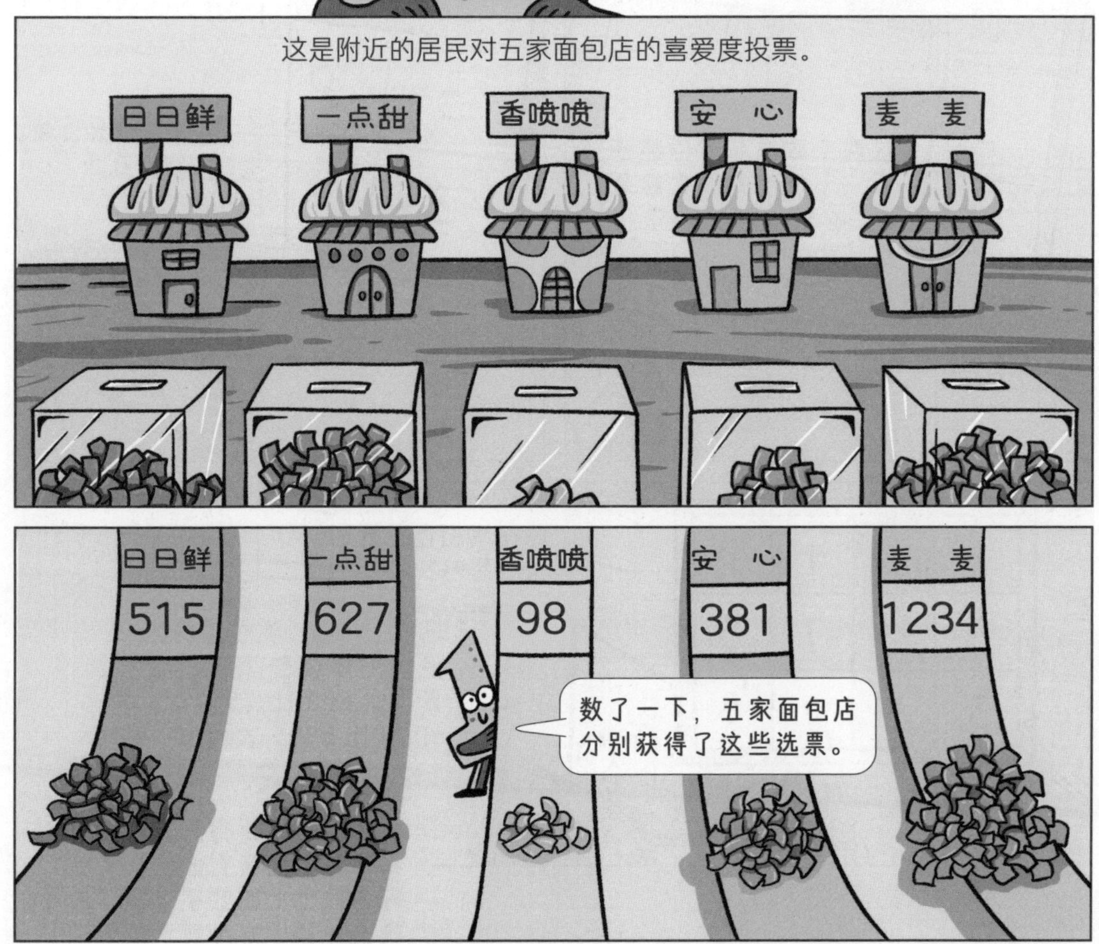

面包店	千	百	十	个
日日鲜		5	1	5
一点甜		6	2	7
香喷喷			9	8
安　心		3	8	1
麦　麦	1	2	3	4

面包店	千	百	十	个
麦麦	1	2	3	4
一点甜		6	2	7
日日鲜		5	1	5
安心		3	8	1

还有几家达到了三位数，它们百位数上的数字大小依次是6、5和3，因此票数由多到少依次是一点甜、日日鲜和安心。

面包店	千	百	十	个
麦麦	1	2	3	4
一点甜		6	2	7
日日鲜		5	1	5
安心		3	8	1
香喷喷			9	8

最后，香喷喷的票数只有两位数，因此是得票数最少的。

山峰名称	高度/米
冈仁波齐	6656
云台山	1297
贺兰山	3556
泰山	1524
珠穆朗玛	8848
梅里雪山	6710
长白山	2691

数字跳格子

这串数字按照顺序排列，每个数字都比之前的大1，形成最常见的一列数。

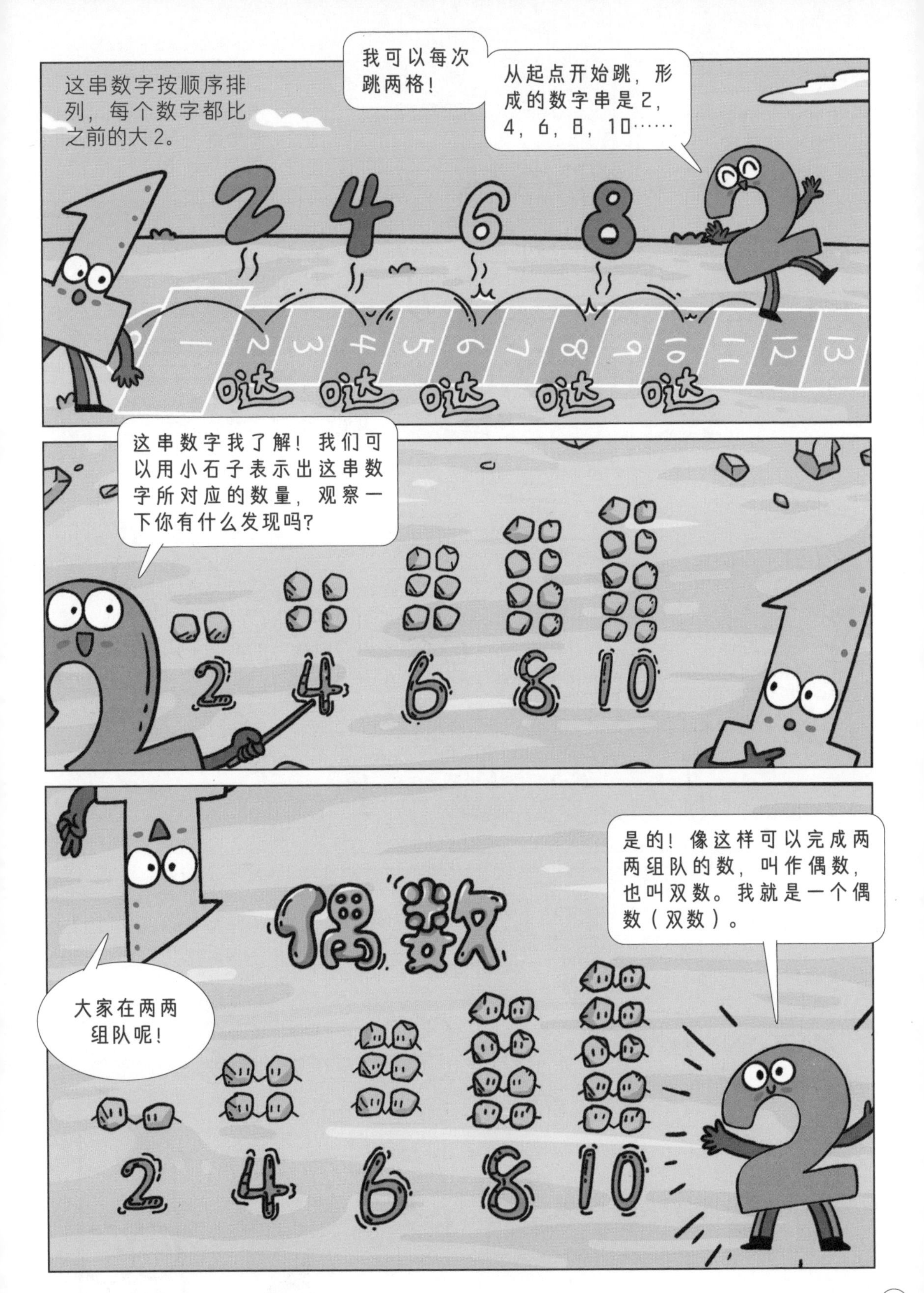

这串数字按顺序排列，每个数字都比之前的大2。
我可以每次跳两格！
从起点开始跳，形成的数字串是2，4，6，8，10……
2 4 6 8
哒 哒 哒 哒 哒
这串数字我了解！我们可以用小石子表示出这串数字所对应的数量，观察一下你有什么发现吗？
2 4 6 8 10
偶数
是的！像这样可以完成两两组队的数，叫作偶数，也叫双数。我就是一个偶数（双数）。
大家在两两组队呢！
2 4 6 8 10

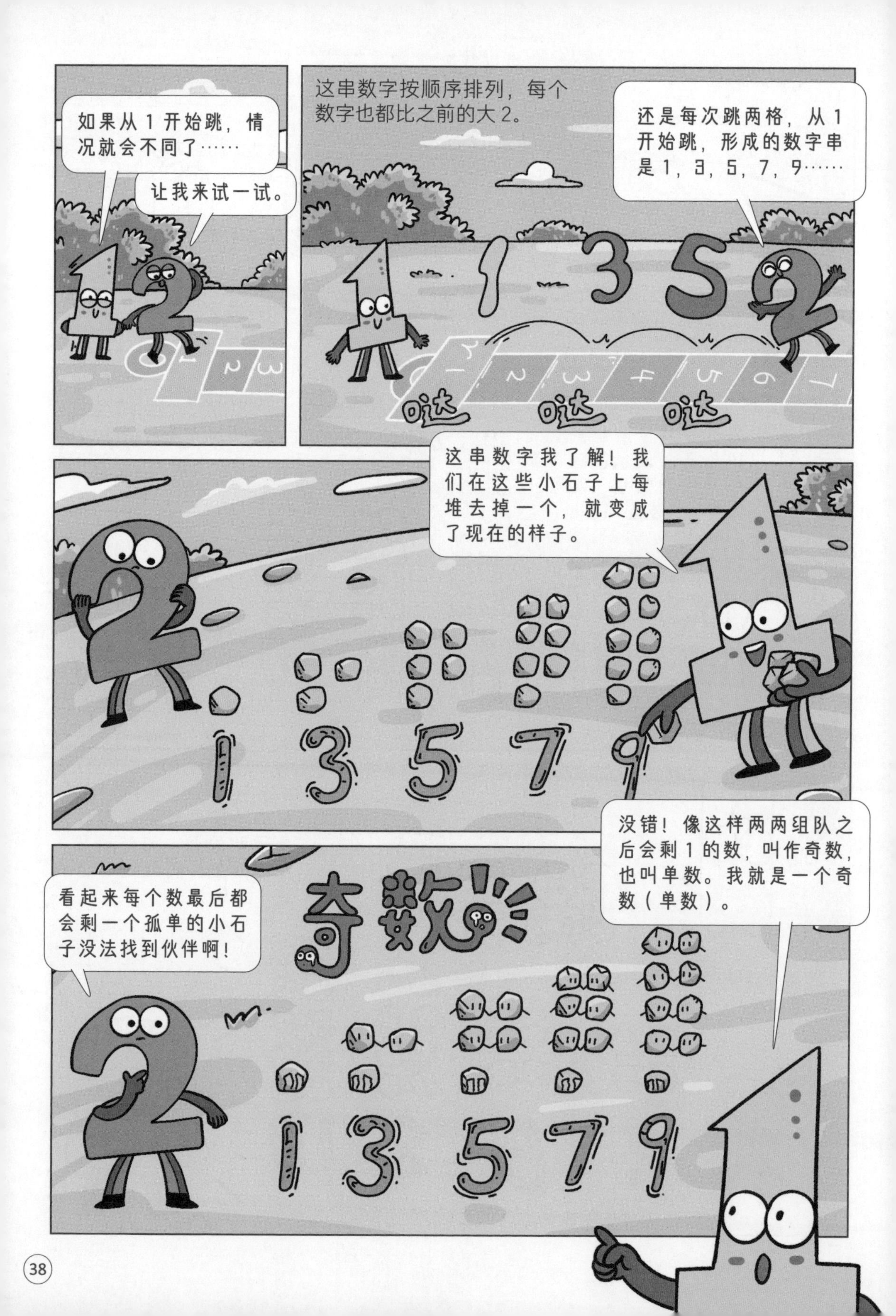

如果从 1 开始跳，情况就会不同了……
让我来试一试。
这串数字按顺序排列，每个数字也都比之前的大 2。
还是每次跳两格，从 1 开始跳，形成的数字串是 1，3，5，7，9……
哒
哒
哒
这串数字我了解！我们在这些小石子上每堆去掉一个，就变成了现在的样子。
1 3 5 7 9
看起来每个数最后都会剩一个孤单的小石子没法找到伙伴啊！
奇数
没错！像这样两两组队之后会剩 1 的数，叫作奇数，也叫单数。我就是一个奇数（单数）。
1 3 5 7 9

奇数偶数大集结

按照一定的规律有序排列的一列数叫作数列。现在，奇数和偶数各自列队，形成了奇数数列和偶数数列。
我们是奇数数列！
我们是偶数数列！
现在把两队合起来，在连续的数列中奇数和偶数一定是交替的。
奇数连着偶数，偶数连着奇数。
我呢？我呢？我是奇数还是偶数？
这……
经过一系列的分析，我们判定0属于一个特殊的偶数，欢迎你加入偶数中！

我呢?
我呢?
我呢?

随着数值的增大，通过摆石子的办法来判断奇偶可就太费劲了。
不用不用，会有更方便的办法！

大家看，10是一个可以两两组合的偶数，那么，我们再增加更多的10，形成20、30、90、100……也都是可以两两组合的偶数。

对于每个超过了个位的数，我们都可以把它们分成一个末尾为0的整十数和一个个位数。

15
236
90
10
5
230
6

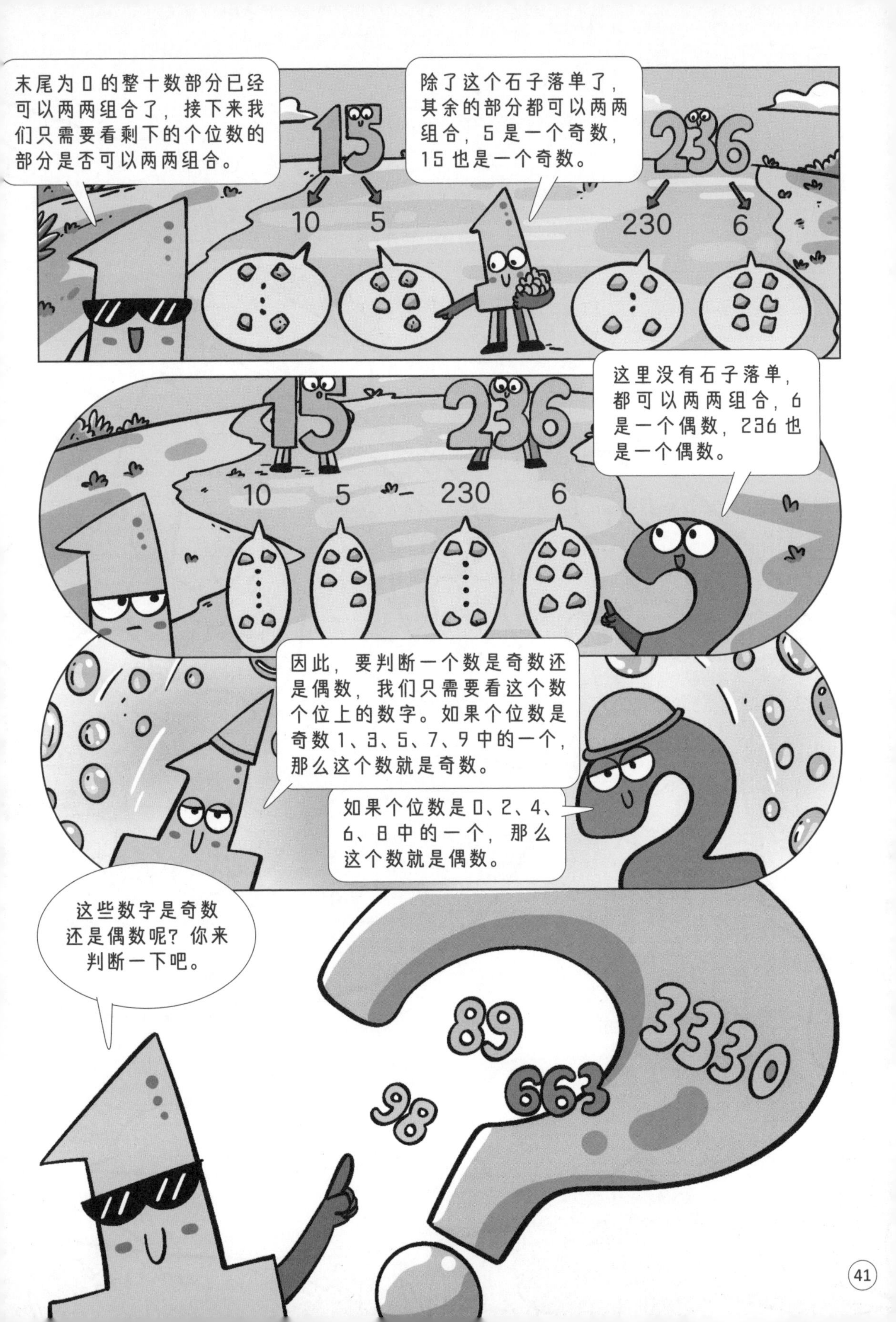
末尾为0的整十数部分已经可以两两组合了，接下来我们只需要看剩下的个位数的部分是否可以两两组合。
15
10
5
除了这个石子落单了，其余的部分都可以两两组合，5是一个奇数，15也是一个奇数。
236
230
6
这里没有石子落单，都可以两两组合，6是一个偶数，236也是一个偶数。
10
5
230
6
因此，要判断一个数是奇数还是偶数，我们只需要看这个数个位上的数字。如果个位数是奇数1、3、5、7、9中的一个，那么这个数就是奇数。
如果个位数是0、2、4、6、8中的一个，那么这个数就是偶数。
这些数字是奇数还是偶数呢？你来判断一下吧。
89
3330
663
98

包罗万象的数

除了表示数量和进行数学运算，数字还有着极为丰富的内涵。

四则跟时间和空间都大有关系，春夏秋冬我们经历四季轮转，东南西北我们可以眼观四方。
还有我们！每个数字都有着各自的特点和故事，说到五、六、七、八、九，你能想到什么内容呢？
5678 9

数字跟音乐之间也有着密切的联系。
1 2 3 4 5 6 7 i
琴键上逐渐升高的音符可以用数字来表示，不同的音符组合在一起就可以构成一首动人的乐曲。
数学家莱布尼茨曾说："音乐是人类大脑所体验到的，来自计数却从未意识到那就是计数的快乐。"所以，你感受到数字的快乐了吗？
在现在的电子设备上，乐曲也是用数字的形式存储的，因此我们也会把手机中播放的音乐称作数字音乐。
6 4 2 3 5 4

这就是我们数的世界，它严谨、准确，不允许差错，但同时又丰富、有趣，充满种种可能。
人们用数来认识和理解万物，而在具体的表达中，数常常需要跟单位组合起来。可什么是单位呢？让我们在下一本书里继续美妙的数学探索吧！

第23页

555由500、50和5组成，2807由2000、800和7组成。

第27页

约400000米也就是约四十万米，近400000000米也就是近四亿米。

第35页

7526＜25706　61350＞61309

山峰从高到低排序为：

珠穆朗玛8848＞梅里雪山6710＞冈仁波齐6656＞贺兰山3556＞长白山2691＞泰山1524＞云台山1297

第41页

89奇数　98偶数　663奇数　3330偶数

第43页

五：数字五可以对应中国传统文化里的金木水火土；对应口感上的酸甜苦辣咸；还可以对应人的五官、五脏，农作物中的五谷。六：数字六在中国传统文化里是一个非常吉利的数字，因此人们常说“六六大顺”。七：数字七可以对应双眼、双耳、鼻部、口、舌总共七窍，还有天空中可以指路的北斗七星。八：数字八对应传统文化中的八卦，还有四面八方、四通八达之意。九：数字九是个位数中最大的，常表示最多、极限的意思，比如古代皇帝被称为九五至尊，形容很远会说九霄云外等。

米莱童书 | 米莱童书

米莱童书是由国内多位资深童书编辑、插画家组成的原创童书研发平台。旗下作品曾获得2019年度“中国好书”，2019、2020年度“桂冠童书”等荣誉；创作内容多次入选“原动力”中国原创动漫出版扶持计划。作为中国新闻出版业科技与标准重点实验室（跨领域综合方向）授牌的中国青少年科普内容研发与推广基地，米莱童书一贯致力于对传统童书进行内容与形式的升级迭代，开发一流原创童书作品，适应当代中国家庭更高的阅读与学习需求。

策 划 人： 刘润东　张秀婷

原创编辑： 窦文菲

知识脚本作者： 于利 北京市海淀区北京理工大学附属小学数学老师，34年小学数学教学经验，海淀区优秀“四有”教师。

漫画绘制： Studio Yufo

专业审稿： 苑青 北京市西城区育才小学数学老师，32年小学数学教学经验，多次被评为教育系统优秀教师。

装帧设计： 张立佳　刘雅宁　刘浩男

封面插画： 孙愚火

图书在版编目（CIP）数据

这就是数学. 数量与数字 / 米莱童书著绘. -- 北京:
北京理工大学出版社, 2023.3（2025.4重印）

ISBN 978-7-5763-2026-8

Ⅰ. ①这… Ⅱ. ①米… Ⅲ. ①数学—儿童读物 Ⅳ.
①O1-49

中国国家版本馆CIP数据核字(2023)第000312号

责任编辑：陈莉华　吴　博　　文案编辑：陈莉华
责任校对：刘亚男　　责任印制：王美丽

出版发行 / 北京理工大学出版社有限责任公司
社　　址 / 北京市丰台区四合庄路6号
邮　　编 / 100070
电　　话 / (010)82563891(童书售后服务热线)
网　　址 / http://www. bitpress. com. cn

版 印 次 / 2025年4月第1版第10次印刷
印　　刷 / 朗翔印刷（天津）有限公司
开　　本 / 710 mm x1000 mm　1/16
印　　张 / 3
字　　数 / 70千字
定　　价 / 200.00元（全8册）

THAT'S MATH

No.2

这就是数学

计量单位

米莱童书 著/绘

北京理工大学出版社
BEIJING INSTITUTE OF TECHNOLOGY PRESS

作为“人类智慧皇冠上最灿烂的明珠”，数学是一门非常重要的学科。从远古时期的结绳记数、累加计算到现在的大数据和云计算，从稳定的勾股定理、和谐的黄金比例到奇特的分形，从维持基本生存、逐步开发地球到探索广袤宇宙，数学出现在人类认识和改造世界的方方面面，与生活息息相关，并与前沿科学和高新科技不断携手向前。数学是每一位小朋友从背上书包进入学校起就会接触的科目，会伴随他们的整个童年和少年时光。

“良好的开始是成功的一半”，在刚刚接触数学时，建立起对基础概念的科学认识，培养起数学学习的兴趣，是非常关键的一环。《这就是数学》就是一套意趣盎然的数学学科漫画图书，聚焦于数量与数字、计量单位、几何图形、数的运算等核心的数学主题，从对日常生活的观察和感知入手，强化对基础概念的认知和理解，一点点地引导小读者把握数学思维的规律和方法，克服数学入门阶段的学习难点，从而为整个数学学习的历程打下坚实的基础。这套书采用了漫画的讲述形式，每个数学主题的拟人化角色都鲜活生动，选取的例子贴近孩子的生活，还融入了丰富的数学文化与前沿应用，读起来很有意思。

数学来自生活，我们的数学教育也不应该脱离生活。当孩子发现：花朵会盛开 3 瓣、5 瓣或 8 瓣是有数学规律的；蜜蜂会给自己搭建正六边形的房子是有数学原因的；在自己跟父母讨价还价中其实会动用数学的思维；运用数学的方法不仅可以计算，还可以解释、分析和预测自然、社会，甚至心理上的各种现象……他们就不会再觉得数学冰冷、枯燥了，他们会爱上这个迷人的学科。

愿孩子们能在这套书中感受到数学之美，爱学数学，学好数学。

中国科学院院士、数学家、计算数学专家

郭柏灵

目 录

万物有尺度

“会当凌绝顶，一览众山小”，在高高的山峰上，可以饱览周围的景色。
“逝者如斯夫，不舍昼夜”，滚滚的流水总让人们感慨时间的飞逝。
“苹果如灯树上悬”……哎呀，它要掉下来了！

嗨，我是尺度，在生活中，你常常会用到我。

在感慨山有多高时，我们会提到山的高度，不同的山有不同的高度，它们在空间上延伸。

在感叹时间流逝时，我们需要感知时间的变化，做不同的事情需要不同长短的时间，它们在时间上延续。

苹果在树枝上越长越大，越来越沉，也就是苹果的质量在逐渐变大。地球上的每种东西或轻或重，都有自己的质量。

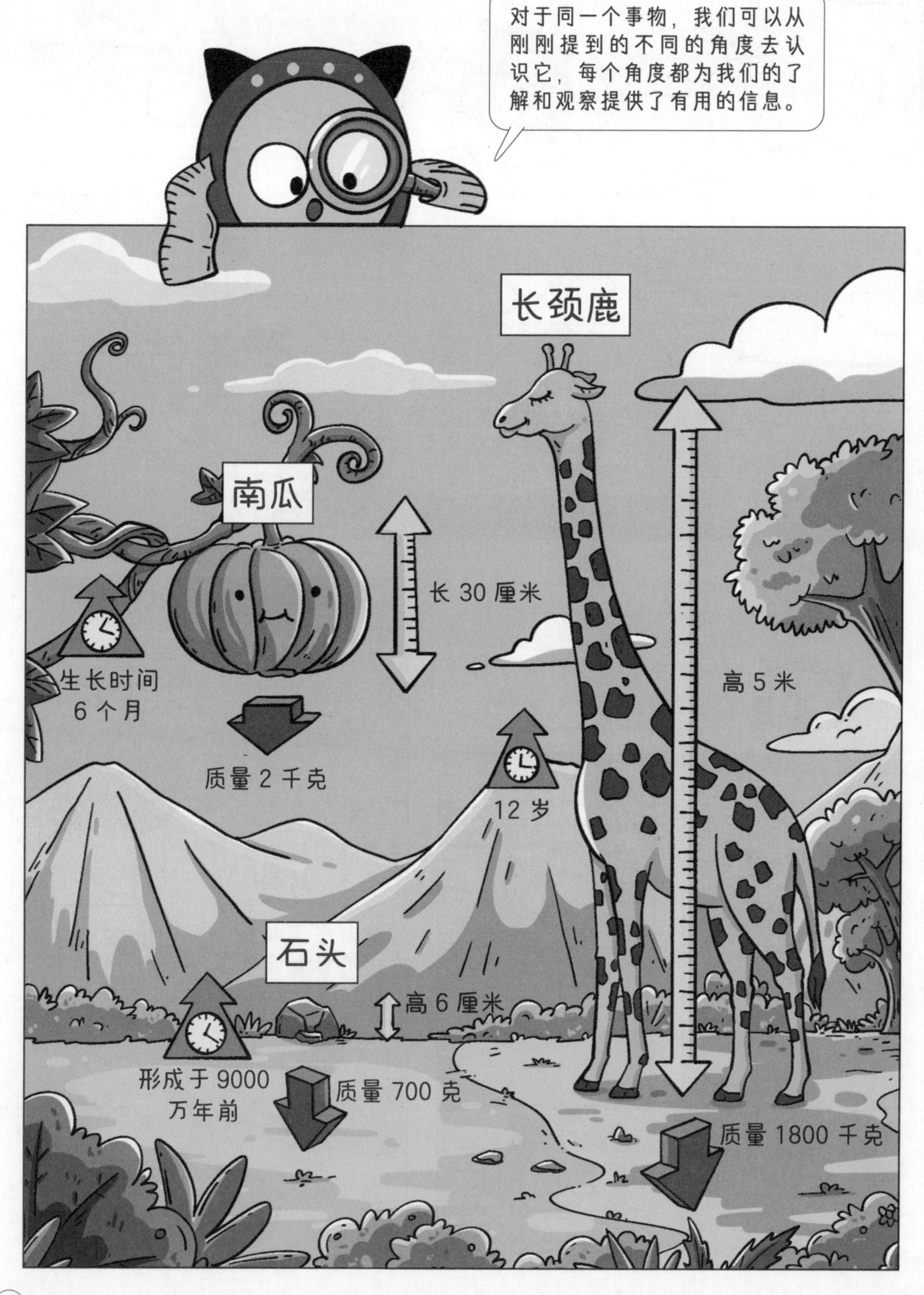

对于同一个事物，我们可以从刚刚提到的不同的角度去认识它，每个角度都为我们的了解和观察提供了有用的信息。
长颈鹿
南瓜
长 30 厘米
生长时间
6 个月
质量 2 千克
高 5 米
12 岁
石头
高 6 厘米
形成于 9000
万年前
质量 700 克
质量 1800 千克

2千克
30厘米
6个月
6
5
30
月
千克
厘米
2
1800
1800千克
岁
千克
5米
12岁
12
米
9000万年
6
700克
万年
6厘米
700
克
厘米
仔细看一下，可以发现这些信息往往由数值和后面的单位所组成，它们构成了我们认识事物的尺度。
数字
单位
世间万物各不相同，而我们一旦把它们的特征提取出来，事物之间就有了共通的地方，可以更好地进行观察和比较。
可究竟什么是单位？这些单位是从何而来的？它们分别拥有着怎样的经历和故事呢？快跟我一起，开启我们的冒险吧！

身体上的长度与马屁股的距离

我规定，从我的肘部到中指之间的长度是一腕尺。

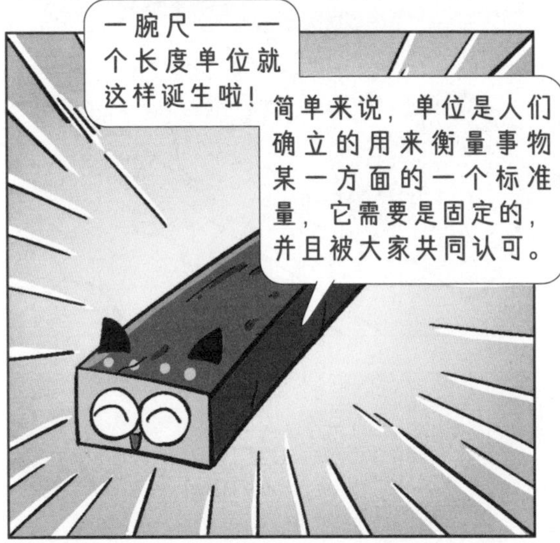
一腕尺——一个长度单位就这样诞生啦！
简单来说，单位是人们确立的用来衡量事物某一方面的一个标准量，它需要是固定的，并且被大家共同认可。

单位前面的数值表示的是有几个这样的标准量，比如这里分别有一腕尺、两腕尺和三腕尺长的木板。

我需要一块两腕尺长的木板。
我这里有！

建立了统一的长度单位，生活就方便多了。据说，有了腕尺等单位之后才有了世界文明奇迹金字塔呢！
不仅是古埃及人，全世界人民都喜欢用身体来作为衡量长短的标准。

在中国古代，就有着“布指知寸，布手知尺，身高为丈”的说法。

注：
1英寸=2.54厘米；
1寸=3.33厘米。

一个长度标准一旦建立起来，可能会带来一系列的影响……
在2000年前的古罗马时代，战士要驾驶由两匹马拉动的战车进行作战，因此当时的马路就被设计成了两个马屁股的宽度。
后来的马车轮距和马路宽度也延续了相同的设计。
1937年，国际铁路协会根据马车的轮距规定了铁轨宽度的标准。

因为制作完成的火箭助推器需要用铁轨来运输，因此火箭助推器的宽度不能超过铁轨的宽度，依旧是两个马屁股的宽度！
但人们并没有总被马屁股所控制！现在全球通用的长度单位是米，我们在生活中常常会用到它……
比如我周围的物体，高度就在1米左右。
1米

长度单位家族

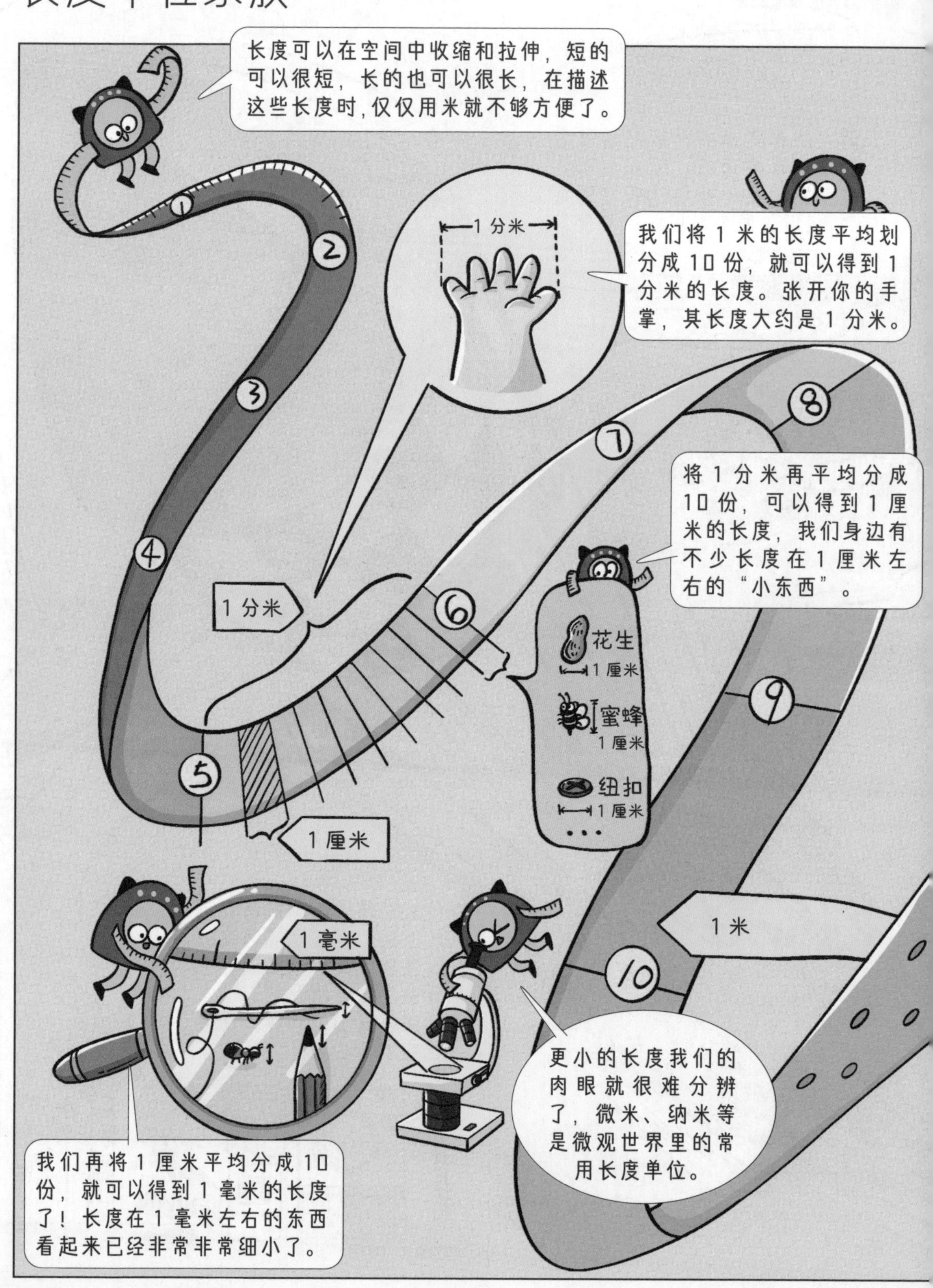

长度可以在空间中收缩和拉伸，短的可以很短，长的也可以很长，在描述这些长度时，仅仅用米就不够方便了。
1 分米
我们将 1 米的长度平均划分成 10 份，就可以得到 1 分米的长度。张开你的手掌，其长度大约是 1 分米。
1 分米
将 1 分米再平均分成 10 份，可以得到 1 厘米的长度，我们身边有不少长度在 1 厘米左右的“小东西”。
花生
1 厘米
蜜蜂
1 厘米
纽扣
1 厘米
…
1 厘米
1 米
1 毫米
更小的长度我们的肉眼就很难分辨了，微米、纳米等是微观世界里的常用长度单位。
我们再将 1 厘米平均分成 10 份，就可以得到 1 毫米的长度了！长度在 1 毫米左右的东西看起来已经非常非常细小了。

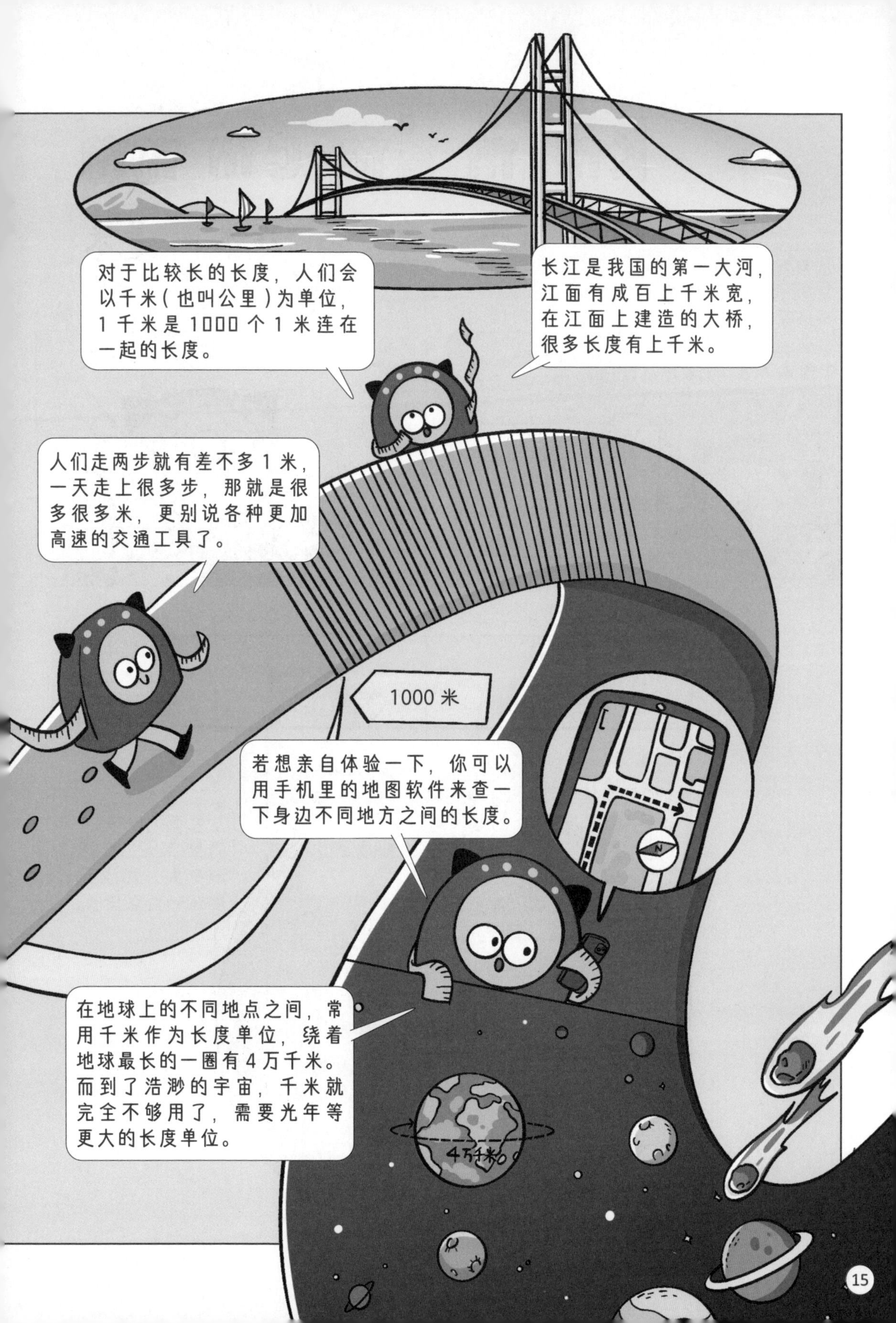
对于比较长的长度，人们会以千米（也叫公里）为单位，1 千米是 1000 个 1 米连在一起的长度。
长江是我国的第一大河，江面有成百上千米宽，在江面上建造的大桥，很多长度有上千米。
人们走两步就有差不多 1 米，一天走上很多步，那就是很多很多米，更别说各种更加高速的交通工具了。
1000 米
若想亲自体验一下，你可以用手机里的地图软件来查一下身边不同地方之间的长度。
在地球上的不同地点之间，常用千米作为长度单位，绕着地球最长的一圈有 4 万千米。而到了浩渺的宇宙，千米就完全不够用了，需要光年等更大的长度单位。
4万千米

km m dm cm mm

千米　米　分米　厘米　毫米

从前面可以得知：
1千米等于1000米。
1米等于10分米。
1分米等于10厘米。
1厘米等于10毫米。

1千米=1000米
1米=10分米
1分米=10厘米
1厘米=10毫米

量量有多长

直尺可以用来量长度，比如这块巧克力。

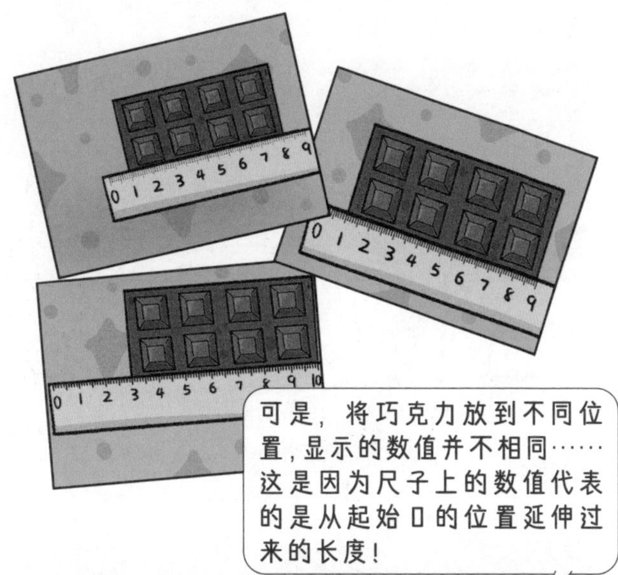
0 1 2 3 4 5 6 7 8 9
0 1 2 3 4 5 6 7 8 9
0 1 2 3 4 5 6 7 8 9 10
可是，将巧克力放到不同位置，显示的数值并不相同……这是因为尺子上的数值代表的是从起始0的位置延伸过来的长度！

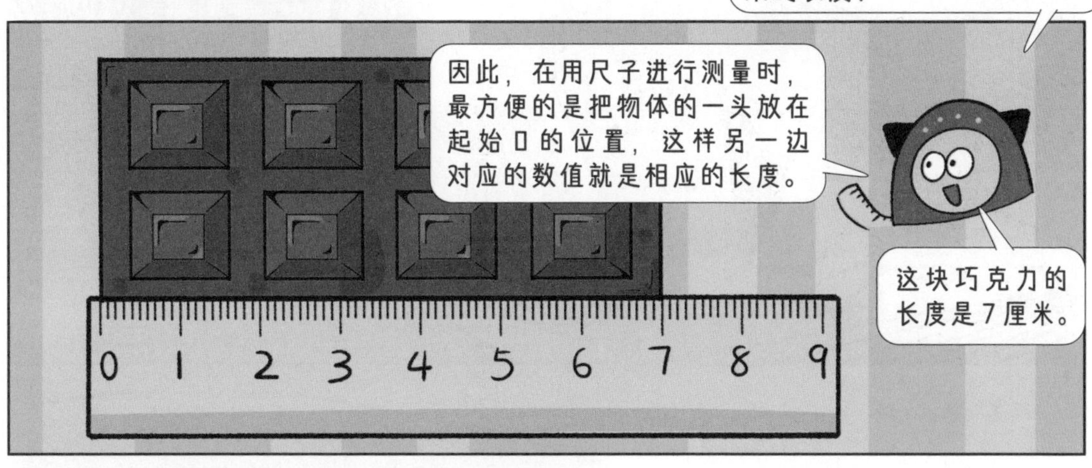
因此，在用尺子进行测量时，最方便的是把物体的一头放在起始0的位置，这样另一边对应的数值就是相应的长度。
这块巧克力的长度是7厘米。
0 1 2 3 4 5 6 7 8 9

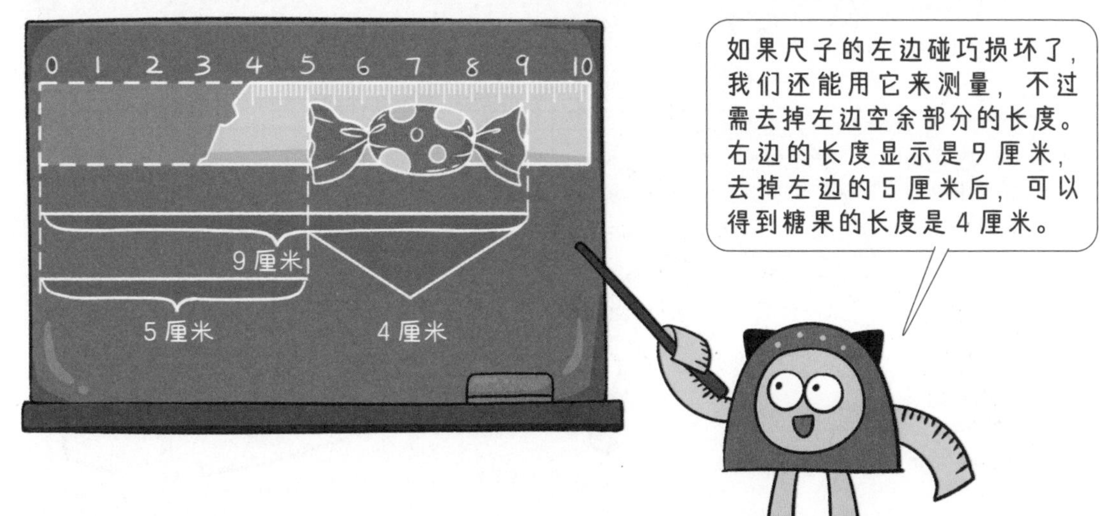
0 1 2 3 4 5 6 7 8 9 10
9厘米
5厘米
4厘米
如果尺子的左边碰巧损坏了，我们还能用它来测量，不过需去掉左边空余部分的长度。右边的长度显示是9厘米，去掉左边的5厘米后，可以得到糖果的长度是4厘米。

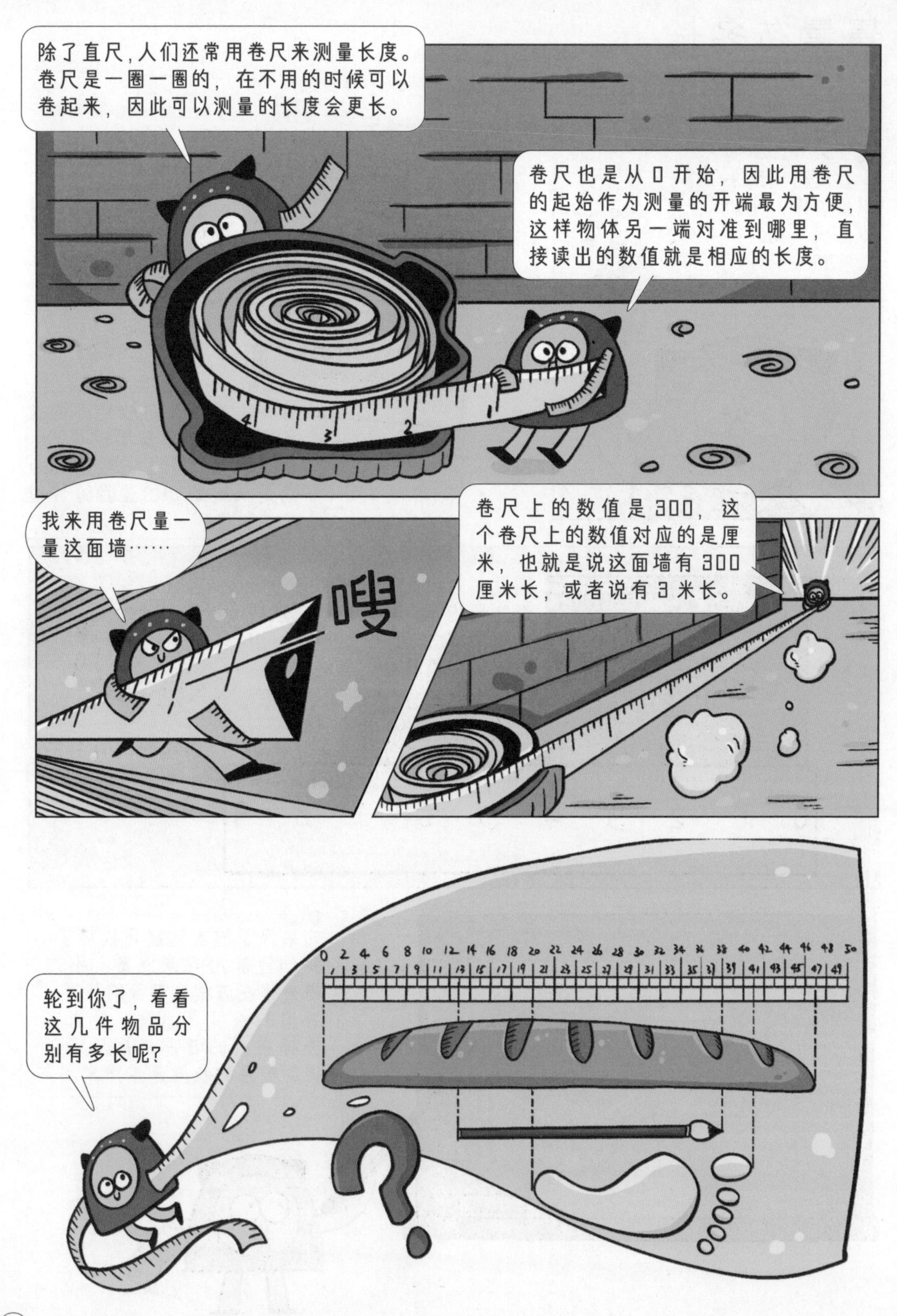
除了直尺，人们还常用卷尺来测量长度。卷尺是一圈一圈的，在不用的时候可以卷起来，因此可以测量的长度会更长。
卷尺也是从0开始，因此用卷尺的起始作为测量的开端最为方便，这样物体另一端对准到哪里，直接读出的数值就是相应的长度。
我来用卷尺量一量这面墙……
嗖
卷尺上的数值是300，这个卷尺上的数值对应的是厘米，也就是说这面墙有300厘米长，或者说有3米长。
轮到你了，看看这几件物品分别有多长呢？

在不同的空间方向上，长度有时会有着不同的叫法，而这些叫法之间并没有什么实际的不同。
在描述向上有多长时，人们喜欢用高度这个词，比如楼高18米。
在描述横着的一头到另一头有多长时，人们有时会用宽度这个词，比如肩宽40厘米。
在描述向下有多长时，人们喜欢用深度这个词，比如水深1米。
在描述竖着有多长时，人们有时会用厚度这个词，比如书厚2厘米。
在描述两个地方之间有多长时，人们喜欢用距离这个词，比如家距离学校5千米。
5千米

跷跷板与天平

小朋友们在玩跷跷板，过去看看……
我要上来了！
我要压下去了！
能让我玩一会儿吗？
我下不去了！呜呜呜……
我起不来了，呜呜呜……为什么会这样啊！
这个我知道……

质量
各种事物包括人都是由物质组成的，事物中所包含的物质的量，就是质量。
在地球上，质量有一个特定的表现，就是会往下沉。
质量
质量
质量
质量
这是因为，地球对于地面上的各种物体都有吸引力，并且质量越大的事物吸引力就会越大。

那个小朋友的质量比较大，他受到的向下沉的力也就会更大，这就是他在地面上无法起来的原因。

物体的质量越小就越轻，质量越大就越沉，这是一个基本的规律。
人们很早就知道这个规律，会把东西放到手上来比较轻重，但这样比较显然不够精准。
后来，人们发明了用来称量质量的工具——天平。这是古埃及人用来称量的天平。
天平跟跷跷板的样子很像，哪边沉哪边就会压下去，直到两边一样沉了，天平就可以保持水平了。

衡
中国古人早在距今2000多年前的春秋战国时期就发明了天平，当时的人们称之为“衡”。
这是战国时期出土的木衡。
就像人们可以用腕尺作为标准来测量长度一样，人们将铜制作成圆环，每种圆环的质量是固定的，它们可以作为测量质量的标准。
平
衡
当两边一样沉时，木衡会保持水平，这就是“平衡”一词的由来。
根据平衡时所放圆环的量，人们就可以知道所称量的东西的质量了。
这些圆环在古代叫作“权”，人们在木衡上用权来称量，就有了“权衡”一词。
权
衡
大米
权衡
现在，人们还会用天平来进行称量，而天平上用来作为质量标准的东西，则称为砝码。

质量单位家族

生活中，不同物体之间的质量差别很大，接下来我们就分别来看看，你可以把这些东西找出来亲自感受一下。

当我们测量很轻的物体的质量时，可以以毫克为单位。
毫克
克也是一个比较小的质量单位，我们在说一些较小质量的物体时会常常用到。1 克等于 1000 毫克。
克
千克是我们估量体重时常用到的质量单位，比如你的体重有 50 多千克。1 千克等于 1000 克。
千克
当我们称量一些很重的物体的质量时，会用吨来做单位。1 吨等于 1000 千克。
吨

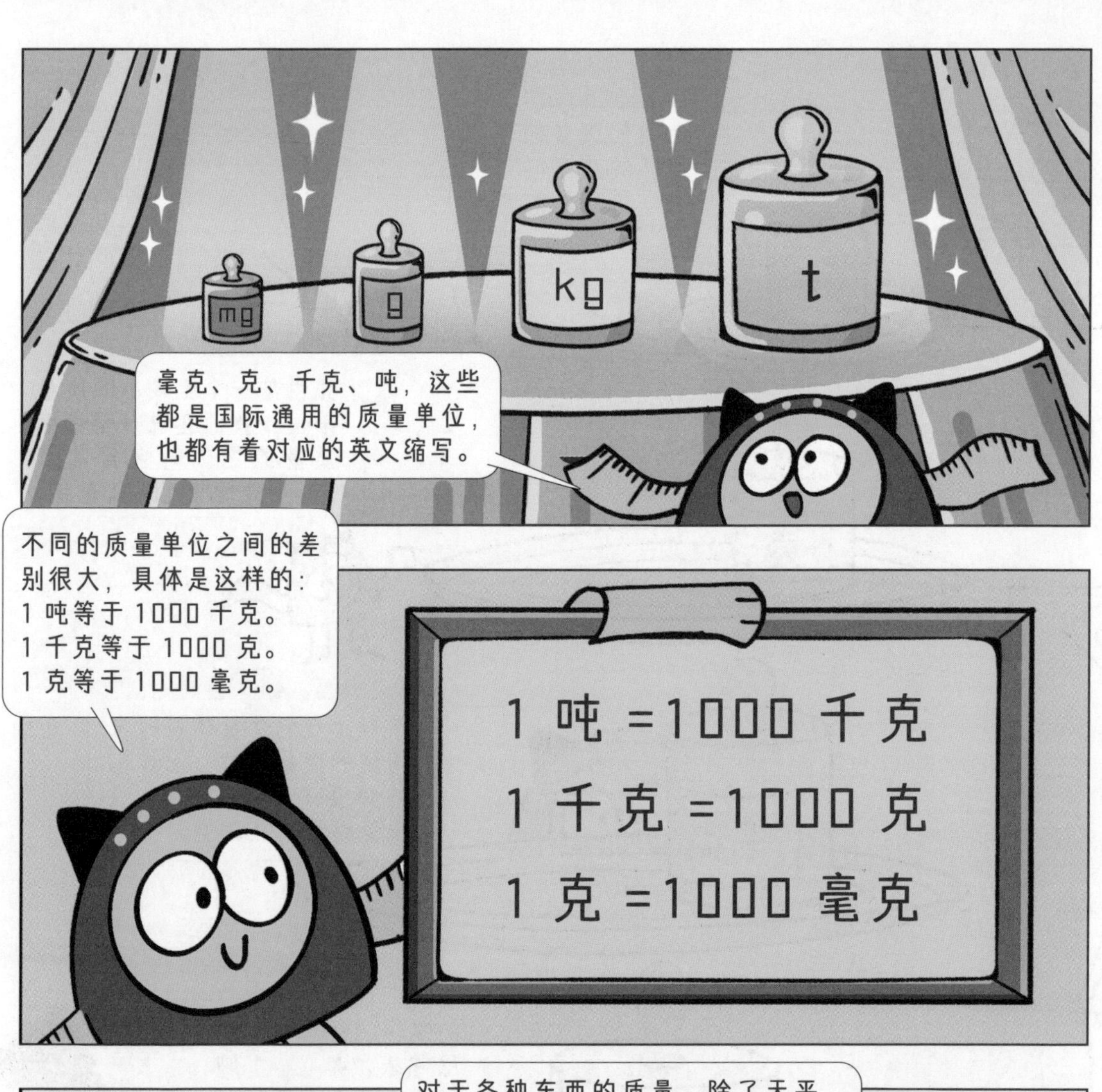
mg
g
kg
t
毫克、克、千克、吨，这些都是国际通用的质量单位，也都有着对应的英文缩写。
不同的质量单位之间的差别很大，具体是这样的：
1 吨等于 1000 千克。
1 千克等于 1000 克。
1 克等于 1000 毫克。
1 吨 =1000 千克
1 千克 =1000 克
1 克 =1000 毫克

对于各种东西的质量，除了天平，人们还发明了一些其他的称量工具，这些工具有一个共同的名字——秤。

量量有多沉

了解了不同的质量单位之后，我们就可以开心地去逛市场了。

在药材铺里，每种药材需要的量都很少，常常以克为单位，而称量所用的是传统的杆秤。

杆秤上有着均匀划分的点点，这些点点是杆秤上的刻度。平衡时秤砣的线绳所在的地方，就对应着所称东西的质量。

5 折
西红柿
黄
甩卖
水果
在菜市场里，蔬菜、水果、肉、蛋等食品大多是称重后按量算钱来卖的，因此每个摊位上都一定会有秤。

菜摊上常用的是电子秤，电子秤常以千克为单位。把东西放上去后，直接就可以看到数值，非常方便。

甜瓜多少钱一斤?
除了克、千克等国际通用单位,在日常生活中,人们常常用斤来做单位。那么斤和克、千克之间有着怎样的关系呢?

这个甜瓜刚好1千克。我们把这个甜瓜平分一下,那么得到的这半个甜瓜就是1斤。
1千克

1千克等于1000克,1千克平分成两份,每份是1斤,也是500克,因此一斤等于500克。
1斤
1斤

1千克
1000克
1斤
500克
1斤
500克
1两
除了斤,两也是日常生活中常用的质量单位。1斤等于10两,一个鸡蛋大概有1两重。
问题来了,如果你想买6斤大米,那么这个秤上的数值应该是多少?
这袋小米上写着净含量2000g(2000克),那么这袋小米有几千克?又有几斤呢?
大米
小米
大米

在中国，相传春秋时期的范蠡发明了最早的秤，他在秤上用刻度标注出斤和两。

范蠡

他在秤上还做了分别代表“福”“禄”“寿”的标记。
如果商人卖东西时欺骗顾客，少给一两，会缺“福”，少给二两，会缺“福”和“禄”，少给三两，“福”“禄”“寿”都缺，以此来引导人们诚信买卖。
寿 禄 福

一直以来，缺斤少两、斤斤计较都是被人们所反感的行为，而公平则是人们永恒的追求。
公平

寻找时间的踪迹
永恒实在是太漫长了，我还是出来玩会儿吧……
变成雕塑时的场景还历历在目。
时光流逝，转眼间，一切都已改变……
时间无影无踪，但又悄悄在我们身边留下许多痕迹，我们可以怎样记录时间的变化呢？

日常生活中人们产生过很多计时的灵感。
这匹马“嗖”地一下就从我身边飞过去了，就在非常短的一瞬间！因此，人们会用“白驹过隙”来形容非常短的时间。

朋友来做客，人们常常会沏茶招待。茶叶从沏好到饮用，这一小会儿的时间人们会用“一盏茶”的工夫来描述。

僧人在打坐的时候常常会点香，一根香从点上到燃尽会有一段时间，这个时间是相对固定的，因而“一炷香”的时间就成为人们描述时长的一个标准。

那么，“白驹过隙”“一盏茶”“一炷香”的时间究竟有多长？有没有更精确的时间表示方法呢？
在一天里，太阳的位置不断变化，阳光下投影的位置也会不断变化，人们据此发明了计时工具——日晷。不过日晷在晚上和没有太阳的时候就没法用了。
沙子在漏斗里会均匀地往下流，人们据此发明了沙漏，每次沙子从装满到流完的时间都是一样的，但沙漏能够计量的时间比较有限。
后来，科学家根据物体摆动和原子振动的规律，发明了钟表。钟表计时非常准确，而且可以不停转动，是我们现在最常用的计时工具。

钟表里——有转动的指针，它们分别是……

我是秒针，我的身材最苗条，我每走一步是一秒钟，一秒钟非常短暂。
白驹过隙就在1秒间，你的心跳在1秒钟内就会跳动一次，每3～5秒你会呼吸一次。
我是分针，我也是高高瘦瘦的，我每走一步是一分钟，一分钟也很短。你可以定时一分钟，闭上眼睛感受一下时间的流逝。
59:59
一盏茶的工夫大概是15分钟，一节课的时间是40分钟，一集动画片的时间是几十分钟。
我是时针，我矮矮胖胖的，我每走一大步是一小时，一小时是不短不长的一段时间。
一炷香的时间大概是1小时，你每天要睡9～10个小时，一天有24小时。
六月
30日
星期四

看看几点了

看这里，看这里！我们进来了！要想知道现在是什么时候，你得来看表。
表盘上显示的数字是0～12，数字对应的就是具体的小时数。
通常人们在说时间时会说小时和分钟，因此我们只需要看时针和分针，它们都是按照“顺时针”的方向来运动的。
时针指示的是现在处于一天中的哪一个小时。我走得最慢，但每步走一大格，也就是1小时，12步走一圈是12小时。
分针指示的是现在处于一小时里的多少分钟。我走得快，但步子小，我每步走一小格，是1分钟，60步走完一圈是1小时。
1小时
1分钟

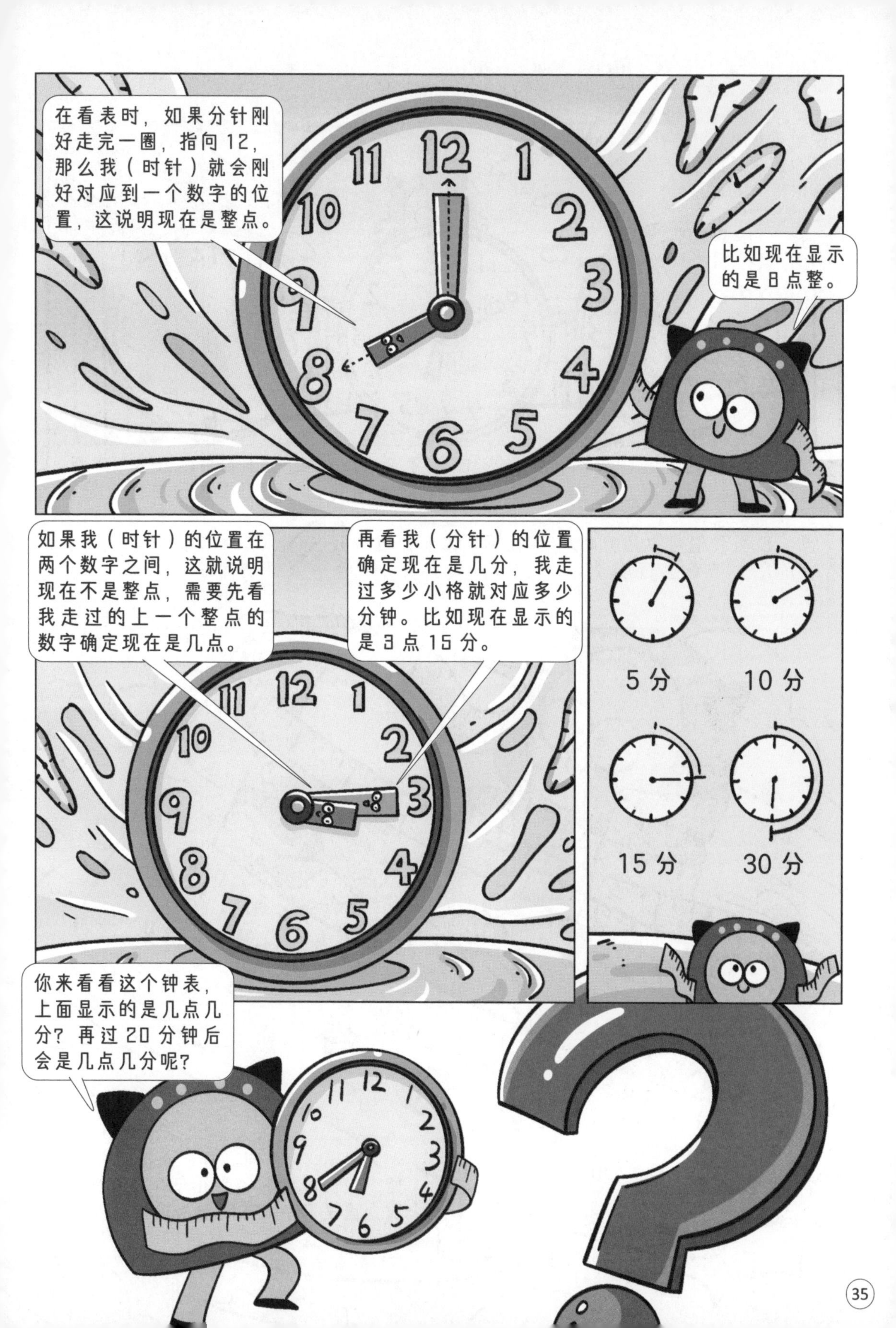
在看表时，如果分针刚好走完一圈，指向12，那么我（时针）就会刚好对应到一个数字的位置，这说明现在是整点。
比如现在显示的是8点整。
如果我（时针）的位置在两个数字之间，这就说明现在不是整点，需要先看我走过的上一个整点的数字确定现在是几点。
再看我（分针）的位置确定现在是几分，我走过多少小格就对应多少分钟。比如现在显示的是3点15分。
5分
10分
15分
30分
你来看看这个钟表，上面显示的是几点几分？再过20分钟后会是几点几分呢？

时间单位家族

在说到时间时，除了准确地描述几点几分，还有些其他的说法。
如果分针刚刚从12（0）点开始走了一小段，这时的时针会刚刚走过整点，那么我们可以用几点过几分（6点过10分）来描述；
如果分针快要走完一圈，这时的时针就要到达下一个整点了，那么我们可以用差几分钟几点（差10分钟6点）来描述；
如果分针刚好走了半圈，时针会刚刚在两个整点之间，那么我们可以用几点半（比如6点半）来描述。
上午
下午
一天里有24小时。每一天都从0点开始，经历黎明破晓到正午12点太阳高照，这是前半天的时间；接下来太阳逐渐落山到夜晚来临，这是后半天的时间。

对于这 24 小时，有两种表示方法，一种是从 0 点数到 12 点，再从 0 点开始到 12 点，这是 12 小时计时法，钟表就是这样表示时间的。
第二种是从 0 点开始数到 24 点，这样的时间表示没有重复，这是 24 小时计时法。
0→12→0
0→24
现在的很多设备会直接用数字来表示时间，用的就是 24 小时计时法。冒号前的数字表示小时，也就是几点，冒号后面的数字表示分钟，也就是几分。
20:01
8月5日星期二
20:01
我们来看看各个时间单位之间的关系。
1 天有 24 小时。
1 小时有 60 分钟。
分钟之内还可以再分，1 分钟有 60 秒。
1 天 =24 小时
1 小时 =60 分钟
1 分钟 =60 秒
一圈又一圈，时间就这样在钟表上周而复始地循环着……

在大自然中，时间也在进行着自己的循环……
地球自转使得白昼和黑夜总是交替出现，于是人们便将这一白一黑的时间称作“一日”或“一天”。
一天
月球反射太阳光，在围绕地球转动中产生阴晴圆缺的变化，月亮从圆到弯再变圆这一轮变化的时间是“一个月”。
一个月

如同我们感受到的那样，年月日是不同的时间长短。
1 年里有 12 个月，4 个季节，每个季节都占 3 个月的时间。一个月有 30 天左右，一年有 365 天。
除了年月日，人们还把 7 天称作 1 周。一年大概有 52 周。
春
(3、4、5)
夏
(6、7、8)
6月
一 二 三 四 五 六 七
1 2 3 4
5 6 7 8 9 10 11
12 13 14 15 16 17 18
19 20 21 22 23 24 25
26 27 28 29 30
秋
(9、10、11)
冬
(12、1、2)
一年
春夏秋冬四季轮转，每个冬天过后春天总会如约到来，四季组合起来便构成了“一年”。
日积月累，岁岁年年，时间就这样不断循环、不断积累、不断向前……

把“你”放进世界中

现在，让我们用前面了解的这些单位来描述一下自己……

大家好！我叫团团，我今年10岁了，我现在的身高大概是140厘米，体重快80斤了。
团团提到了年龄，这是一个人自出生以来的时间；提到了身高，这是一个人在空间中所占据的高度；提到了体重，这是一个人的质量。
那么，人类究竟是大是小呢？为了更好地回答这个问题，你需要把自己放进世界里。

作为目前世界上现存的最大的动物，一头蓝鲸的身长有28米，重达160吨。相比之下，人类实在是太小了，还没有蓝鲸的一只鳍大。
作为世界上最小的鸟，美丽的蜂鸟体长5厘米左右，只有人类一根手指头那么大，体重只有2克左右。相比之下，人类好大啊！
蜉蝣在变成成虫之后，最多只能活24小时。“朝生而暮死，与蜉蝣同寿”，24小时，我们生命里的一天就是蜉蝣的一生。

对比之下，许多树木的寿命就长多了。树干中的年轮可以记录树木的生长情况，通常年轮可以一年生长一圈。
去山川古建游玩，我们常常可以看到很“高龄”的树木，它们已经在地球上存活了数百年甚至上千年，这得经历了多少故事啊！
跟长寿相搭配的往往是缓慢的生长速度，目前已知的生长最慢的尔威兹加树，100年才长30厘米。而你在出生后用不了10年身高就超过1米（100厘米）啦！
不过你也别骄傲，有些植物的生长速度也是很快的，竹子1天就可以长1米，所以人们会用“节节高升”来描述。
30厘米
100年
10年
1天

说到快与慢，不同事物之间确实存在着很大的差异，就拿百米赛跑来说吧。
对于高速的磁悬浮列车，只需要不到1秒的时间就可以跑完100米。
目前，人类最快的百米赛跑速度是“飞人”博尔特创造的，接近10秒。
BOL
不要看兔子个头小小的，它们用5秒就可以跑完100米。
蜗牛爬完100米大概需要12小时，也就是整整半天的时间。
乌龟快一点，要1～2个小时。你呢？

回到刚刚的问题，现在你觉得自己是快是慢、是大是小呢？
经过这些比较，可能你不但没有想清楚，好像更加迷糊了。这很正常，而我想要告诉你——大小是相对的。
“一沙一世界”，那些在我们看来很小很小的东西里也有着丰富的构成。“渺沧海之一粟”，在我们看来很大很大的地球放在宇宙里也只是像一粒尘埃那样渺小。

因此，我们无法单独地判断一个事物是大是小，我们需要设定标准和参照，进而才能做出比较。
在这个过程中，单位起到了很大的作用。有了统一的单位作为标准，我们就可以将大小、多少、轻重、快慢等用精确的数值描述出来。
希望测量和单位可以帮助你来更好地认识自己，探索世界！咱们生活中见！
M
米
厘米
分米
176
1640
106
120000
100
cm

第18页

轮到你了，看看这几件物品分别有多长呢？

面包长47厘米，毛笔长25厘米，脚印长21厘米。

第28页

问题来了，如果你想买6斤大米，那么这个秤上的数值应该是多少？

6斤大米也就是3千克大米。

第28页

这袋小米上写着净含量2000g（2000克），那么这袋小米有几千克？又有几斤呢？

小米的净含量为2000克，也就是2千克，又等于4斤。

第35页

你来看看这个钟表，上面显示的是几点几分？再过20分钟后会是几点几分呢？

表上显示的是6点40分，再过20分钟后是7点整。

米莱童书 | 米莱童书 点亮孩子的未来

米莱童书是由国内多位资深童书编辑、插画家组成的原创童书研发平台。旗下作品曾获得2019年度“中国好书”，2019、2020年度“桂冠童书”等荣誉；创作内容多次入选“原动力”中国原创动漫出版扶持计划。作为中国新闻出版业科技与标准重点实验室（跨领域综合方向）授牌的中国青少年科普内容研发与推广基地，米莱童书一贯致力于对传统童书进行内容与形式的升级迭代，开发一流原创童书作品，适应当代中国家庭更高的阅读与学习需求。

策 划 人： 刘润东　张秀婷

原创编辑： 窦文菲

知识脚本作者： 于利 北京市海淀区北京理工大学附属小学数学老师，34年小学数学教学经验，海淀区优秀“四有”教师。

漫画绘制： Studio Yufo

专业审稿： 苑青 北京市西城区育才小学数学老师，32年小学数学教学经验，多次被评为教育系统优秀教师。

装帧设计： 张立佳　刘雅宁　刘浩男

封面插画： 孙愚火

图书在版编目（CIP）数据

这就是数学. 计量单位 / 米莱童书著绘. -- 北京：北京理工大学出版社, 2023.3（2025.4重印）

ISBN 978-7-5763-2026-8

Ⅰ.①这… Ⅱ.①米… Ⅲ.①数学—儿童读物 Ⅳ.①O1-49

中国国家版本馆CIP数据核字(2023)第000548号

责任编辑：陈莉华 吴 博　　**文案编辑**：陈莉华

责任校对：刘亚男　　**责任印制**：王美丽

出版发行 / 北京理工大学出版社有限责任公司

社　　址 / 北京市丰台区四合庄路6号

邮　　编 / 100070

电　　话 / (010)82563891(童书售后服务热线)

网　　址 / http://www. bitpress. com. cn

版 印 次 / 2025年4月第1版第10次印刷

印　　刷 / 朗翔印刷（天津）有限公司

开　　本 / 710 mm x1000 mm　1/16

印　　张 / 3

字　　数 / 70千字

定　　价 / 200.00元（全8册）

THAT'S MATH

No.3

这就是数学

小数与分数

米莱童书 著/绘

北京理工大学出版社
BEIJING INSTITUTE OF TECHNOLOGY PRESS

作为“人类智慧皇冠上最灿烂的明珠”，数学是一门非常重要的学科。从远古时期的结绳记数、累加计算到现在的大数据和云计算，从稳定的勾股定理、和谐的黄金比例到奇特的分形，从维持基本生存、逐步开发地球到探索广袤宇宙，数学出现在人类认识和改造世界的方方面面，与生活息息相关，并与前沿科学和高新科技不断携手向前。数学是每一位小朋友从背上书包进入学校起就会接触的科目，会伴随他们的整个童年和少年时光。

“良好的开始是成功的一半”，在刚刚接触数学时，建立起对基础概念的科学认识，培养起数学学习的兴趣，是非常关键的一环。《这就是数学》就是一套意趣盎然的数学学科漫画图书，聚焦于数量与数字、计量单位、几何图形、数的运算等核心的数学主题，从对日常生活的观察和感知入手，强化对基础概念的认知和理解，一点点地引导小读者把握数学思维的规律和方法，克服数学入门阶段的学习难点，从而为整个数学学习的历程打下坚实的基础。这套书采用了漫画的讲述形式，每个数学主题的拟人化角色都鲜活生动，选取的例子贴近孩子的生活，还融入了丰富的数学文化与前沿应用，读起来很有意思。

数学来自生活，我们的数学教育也不应该脱离生活。当孩子发现：花朵会盛开 3 瓣、5 瓣或 8 瓣是有数学规律的；蜜蜂会给自己搭建正六边形的房子是有数学原因的；在自己跟父母讨价还价中其实会动用数学的思维；运用数学的方法不仅可以计算，还可以解释、分析和预测自然、社会，甚至心理上的各种现象……他们就不会再觉得数学冰冷、枯燥了，他们会爱上这个迷人的学科。

愿孩子们能在这套书中感受到数学之美，爱学数学，学好数学。

中国科学院院士、数学家、计算数学专家

郭柏灵

目录

不只有整数

这个桌子比 1 米多一点儿。
这怎么行？砍掉，把多出 1 米的部分砍掉！
刚好 1 米，这样多好！要是超过 1 米又没有 2 米，夹在中间就没法用米来表示了。
这个架子也比 1 米高，但比 2 米矮……
那也不行，咱们把它拆去一层。
等等，你看，要是再拆一层就不到 1 米了……
还是比 1 米高，那就再拆一层。
112
84

怎么能这样，
太气人了！

哎呀！发生什么
事了，这么生气？
我想让身边的东西量起来都是1米高，但架子却做不到。

不光架子做不到，沙发也做不到，冰箱也做不到，连你也做不到。
你！
不过没关系，有了我，这些就都不是问题了。因为我是——人小本事不小的小数点！

在数的世界里，我们会最先认识整数。
大家都是老朋友了。

但整数与整数之间，都相隔着一段距离，在这段距离里，还有……
1.1 1.2 1.3 1.4 1.5 1.6 1.7 1.8 1.9
小数！
1.1
1.2
0 1 2 3 4 5

作为一个小数点，我将一个小数分成了两部分，左边的是整数部分，右边的是小数部分。
整数部分
1.1
小数部分
只要包含小数部分，整个数字就是一个小数。
正如整数部分的位数可以不断向前增加一样，小数部分的位数也可以不断向后增加。
11.11
21.12
看到一个小数，你需要先照常读出小数点左边的数，接着读“点”，然后再依次说出右边的每个数字。
1.1
11.11
21.12
1.1 读作一点一。
11.11 读作十一点一一。
21.12 读作二十一点一二。
那么，小数究竟表示什么数呢？让我来告诉你！
1.1
1.2
12.3
5.6
4.1

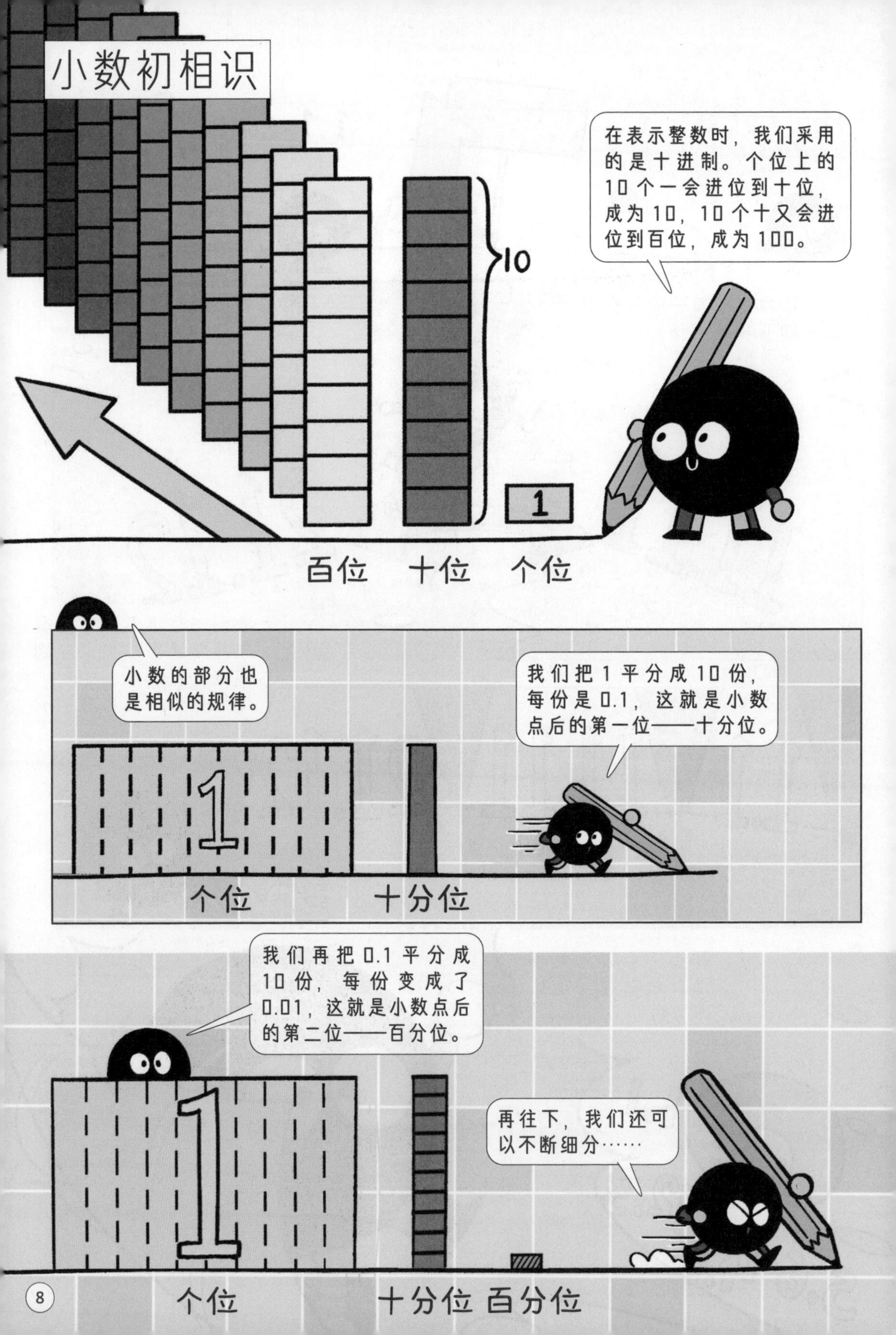
小数初相识
10
1
在表示整数时，我们采用的是十进制。个位上的10个一会进位到十位，成为10，10个十又会进位到百位，成为100。
百位 十位 个位
小数的部分也是相似的规律。
我们把1平分成10份，每份是0.1，这就是小数点后的第一位——十分位。
1
个位 十分位
我们再把0.1平分成10份，每份变成了0.01，这就是小数点后的第二位——百分位。
1
再往下，我们还可以不断细分……
个位 十分位 百分位

现在让我们来看几个数。
看到一个包含小数点的数时，我们可以先将整数部分和小数部分分开来。
这个数由3个1和5个0.1组成。
3.5
小数点
整数部分
3
小数部分
0.5
这个数由7个0.1和4个0.01组成。
0.74
0.7
0.04
这个数字分解之后对应这个图形，想想看这个数字是多少呢？
?

小数的大与小

12.1
8.89
9.29
9.31
只要是数，就有大有小，小数也不例外。那么，我们该怎么判断小数的大小呢？
跟比较整数大小时一样，我们需要先将各个数按照数位来对齐。
嘟!!
快点，对齐对齐！
12.1
8.89
9.29
9.31

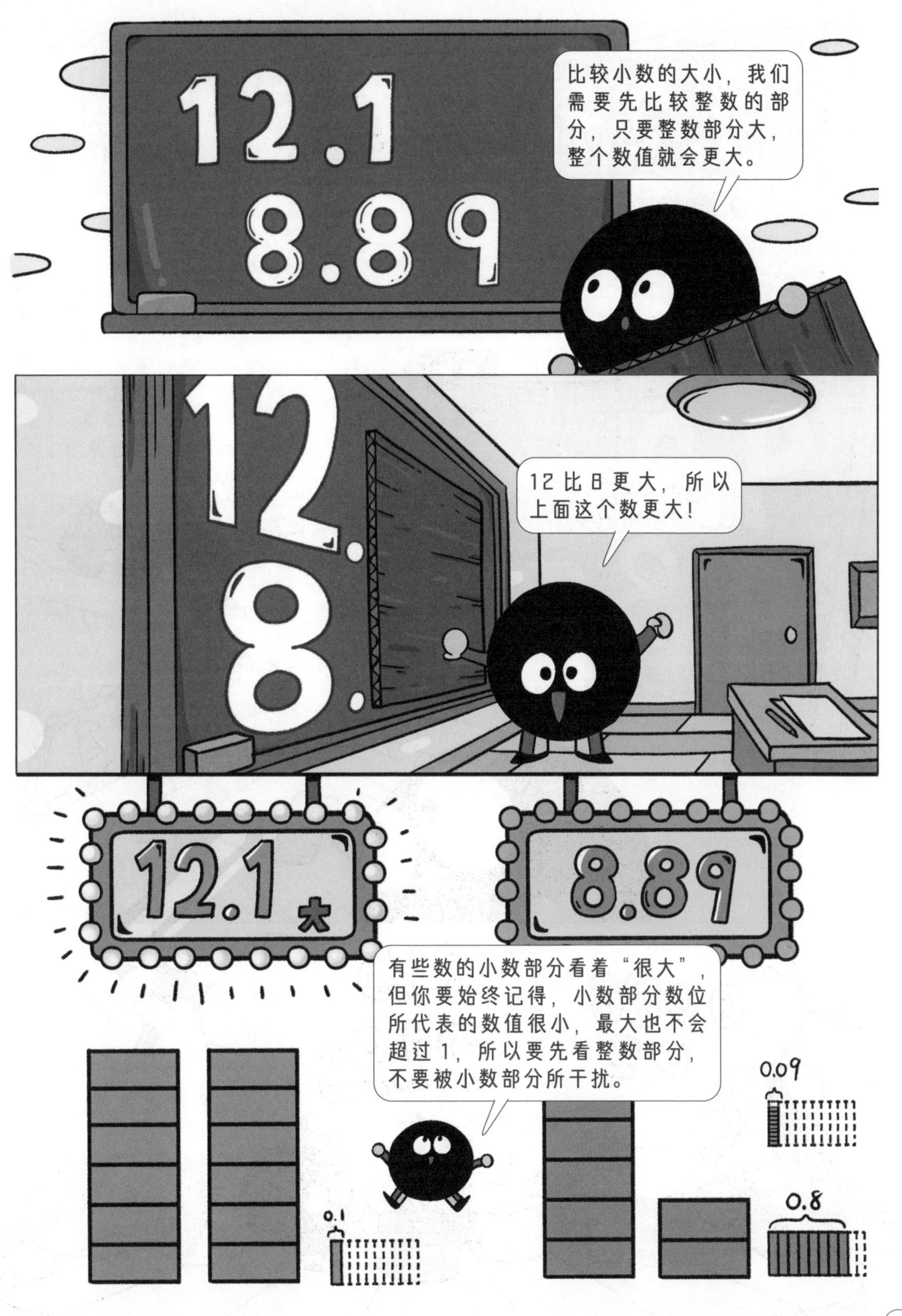
12.1
8.89
比较小数的大小，我们需要先比较整数的部分，只要整数部分大，整个数值就会更大。
12比8更大，所以上面这个数更大！
12.1 大
8.89
有些数的小数部分看着“很大”，但你要始终记得，小数部分数位所代表的数值很小，最大也不会超过1，所以要先看整数部分，不要被小数部分所干扰。
0.1
0.09
0.8

9.29
9.31
9.29 和 9.31 的整数部分都是 9，因此接下来我们需要从左到右依次来比较小数部分每个数位的数字大小。
现在还需要比较后面的数字吗？
9.2
9.3
十分位上的 2 比 3 小！
已经不用啦！高位上的数字大，整个数就会更大，0.1 比 0.099 更大，即使后面的数位延伸也无法扭转局势了。
跟整数比较大小一样，在最前面数字相同的情况下，依次往后比较，只要一方的数位上出现了更大的数字，这个数就会更大。
9.31
大
0.086
0.2
31.5
27.96
现在，你来比一比，在这两组数中，哪个数更大呢？

这是什么？
100 与 100.00 是什么关系？哈哈，这个难不倒我。
100 ? 100.00
我们来比一比，整数部分相同，小数部分也相同，那么这两个数就是一样大的。
100
=
100.00
这个时候，零就没什么作用了。
我不想被你封锁在后面，我的威力完全无法发挥了！
听我解释……

能力很大的小数点

在整数后面加0，就相当于所有的数字都往前进位，因此整个数的数值会相应地变大。
千
百
十
个
对小数而言，小数点就像一个数位固定器，不论在小数点右边加几个0，都不会改变前面数字所在的数位。所以就无法改变数的大小了。
千
百
十
个
这么说来，所有的整数其实都可以看作小数部分为0的小数，而有时候为了保持各个数字数位的统一，人们会在小数的最后加0。

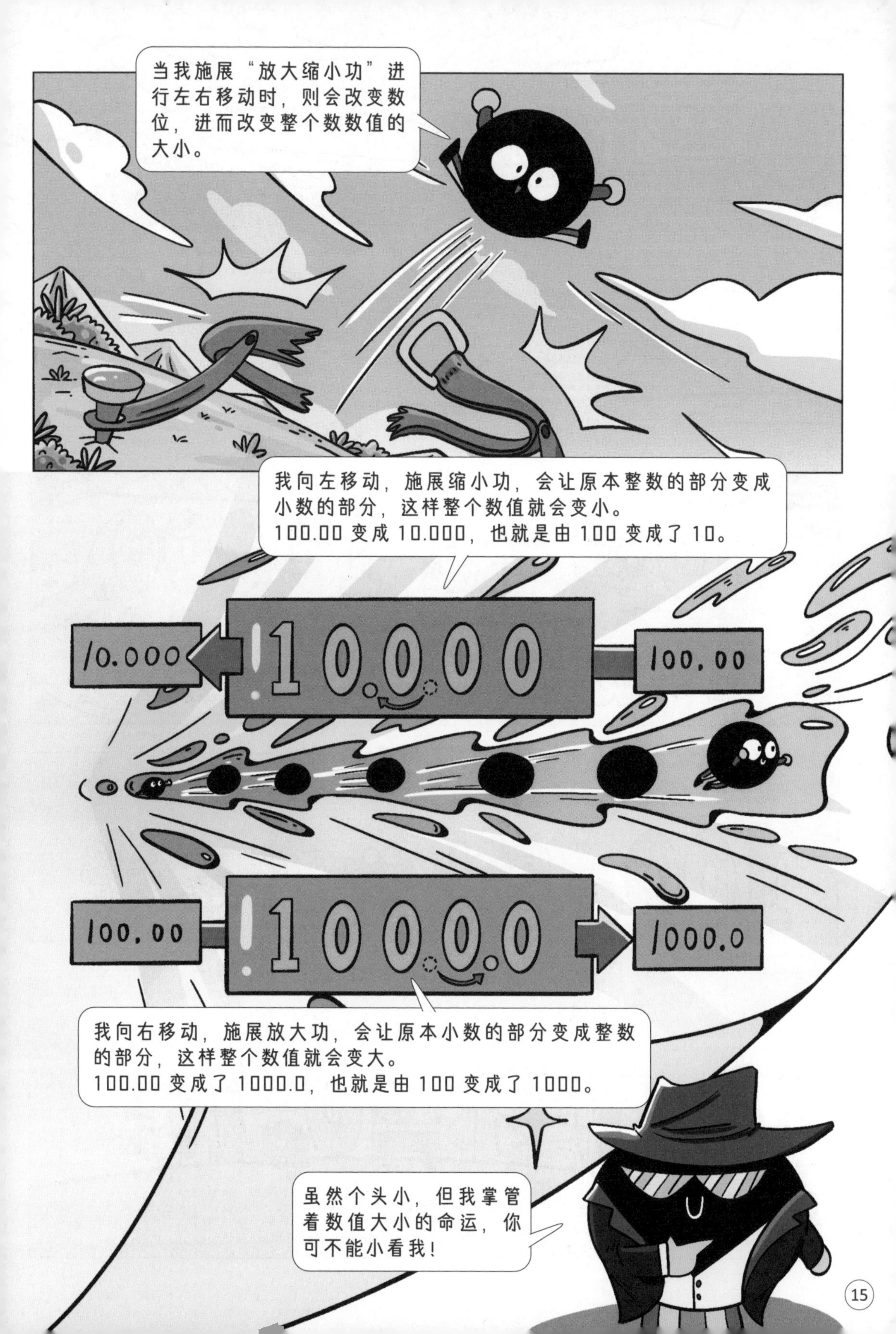
当我施展“放大缩小功”进行左右移动时，则会改变数位，进而改变整个数数值的大小。
我向左移动，施展缩小功，会让原本整数的部分变成小数的部分，这样整个数值就会变小。
100.00 变成 10.000，也就是由 100 变成了 10。
10.000
100.00
100.00
1000.0
我向右移动，施展放大功，会让原本小数的部分变成整数的部分，这样整个数值就会变大。
100.00 变成了 1000.0，也就是由 100 变成了 1000。
虽然个头小，但我掌管着数值大小的命运，你可不能小看我！

我想想……
有办法了！
加了等号，你可就不能随便动了。
100
100.00
我可以在等号两边沿着相同的方向跳跃相同的数位，这样两边的数值同时变小或同时变大，等式依旧成立。
还记得不同单位转换的等式吗？1米等于100厘米，反过来，1厘米等于多少米呢？
100厘米
1米

往左跳一个数位，得到了10厘米等于0.1米，还不够，我们休息一下接着跳！
厘米
米

再跳一下，也就是等式两边的小数点再同时向左移动一个数位，我们就得到了 1 厘米等于 0.01 米。
1.00厘米=0.01米

同样的办法，知道了 1 千克等于 1000 克，连跳三次，也就是等式两边的小数点同时向左移动三个数位，我们就能得到 1 克等于 0.001 千克。
1.000克=0.001千克

想一想，1 毫米等于多少米？1 千克等于多少吨呢？

现在，我们去找找生活中的小数吧！

生活处处有小数
重新回到这里，一切都是那么熟悉……
1.12
112 厘米
重新来量一下这个架子，架子的高度是 112 厘米，也就是 1.12 米。
1.73
冰箱的高度是 173 厘米，也就是 1.73 米。
173 厘米

这下不用砍东西也可以把高度都表示出来啦!

折扣
菜市场
除了量高度，买东西时也常常会用到小数。

太多了吃不了，
可以切开吗？
千克
这一大块豆腐是 1 千克，
可人们常常吃不了这么多，
因此豆腐会分块来卖。
水果
折扣
豆腐平分成了两块，
每块是 0.5 千克。
还是太多了。
0.5千克

这还差不多。
诚信
刚刚的一半豆腐又平
分成了两块，每块变
成了……0.25 千克。

与其用小数来表示，
还不如让我来呢！

平均分出来的数

嗨，我是分数线！我喜欢把整体分成部分。
就拿这块豆腐来说吧，我们把一个完整的豆腐块看作 1。

咔！一刀下去，一块豆腐被平均分成了两份，每一份是之前的二分之一（$\frac{1}{2}$）。

咔咔！又一刀下去，一块豆腐被平均分成了四份，每一份是之前的四分之一（$\frac{1}{4}$）。

$\frac{1}{2}$、$\frac{1}{4}$，好像没见过？这样的数叫作分数。一个分数由三部分构成，我来依次介绍一下……

分数线上面的数叫作分子，表示的是我们拥有的部分有几份。
我是分数线，我通常喜欢横着展开自己宽阔的身子。
分数线下面的数叫作分母，表示的是整体总共被平均分成的份数。
一个分数会读作“_分之_”，表示从整体平分的份数之中拥有的份数，因此前后所说的分别是分母和分子，比如$\frac{1}{2}$读作二分之一。
拥有份数
分子数值
整体份数
分母数值

变与不变的魔法

让我来制作一批表示$\frac{1}{2}$的不同图形。

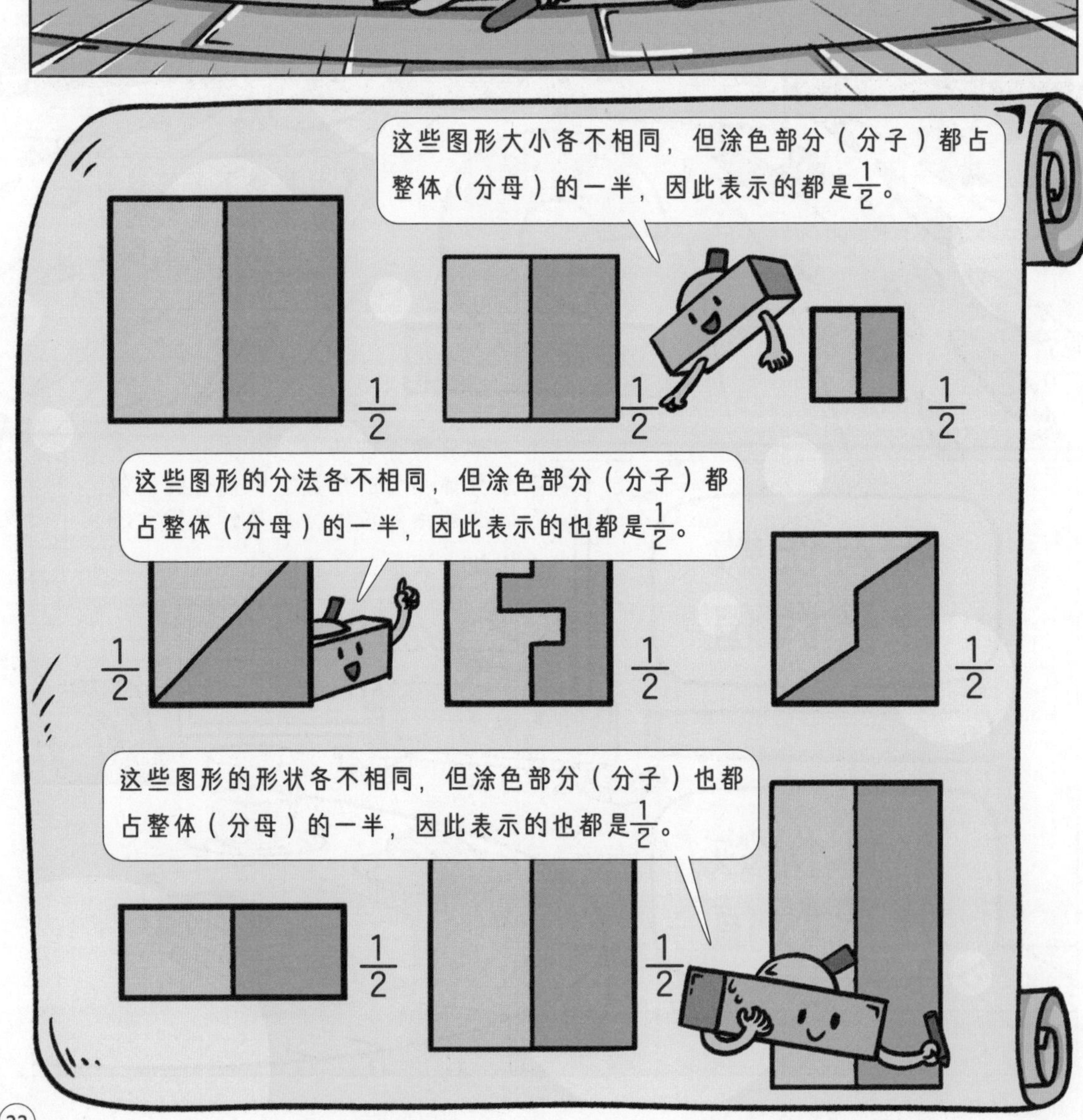

这些图形大小各不相同，但涂色部分（分子）都占整体（分母）的一半，因此表示的都是$\frac{1}{2}$。
$\frac{1}{2}$
$\frac{1}{2}$
$\frac{1}{2}$
这些图形的分法各不相同，但涂色部分（分子）都占整体（分母）的一半，因此表示的也都是$\frac{1}{2}$。
$\frac{1}{2}$
$\frac{1}{2}$
$\frac{1}{2}$
这些图形的形状各不相同，但涂色部分（分子）也都占整体（分母）的一半，因此表示的也都是$\frac{1}{2}$。
$\frac{1}{2}$
$\frac{1}{2}$

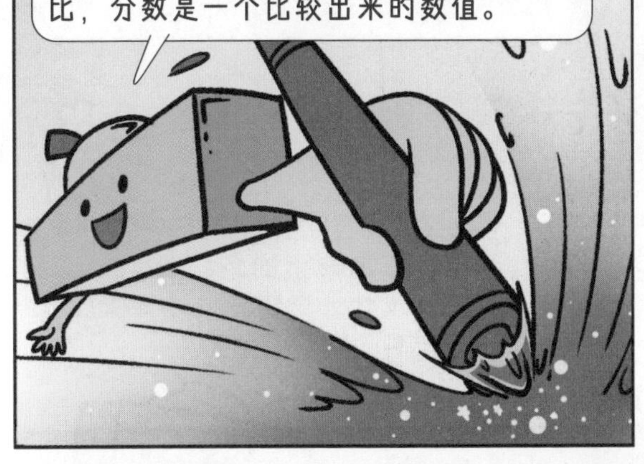
看分数时，不能单看整体（分母）或部分（分子），而要看部分在整体中的占比，分数是一个比较出来的数值。

都做好了！

Z
Z
Z

哎呀，竟然睡过去了，还好，我的图形都还好好……

谁动了我的图形？！

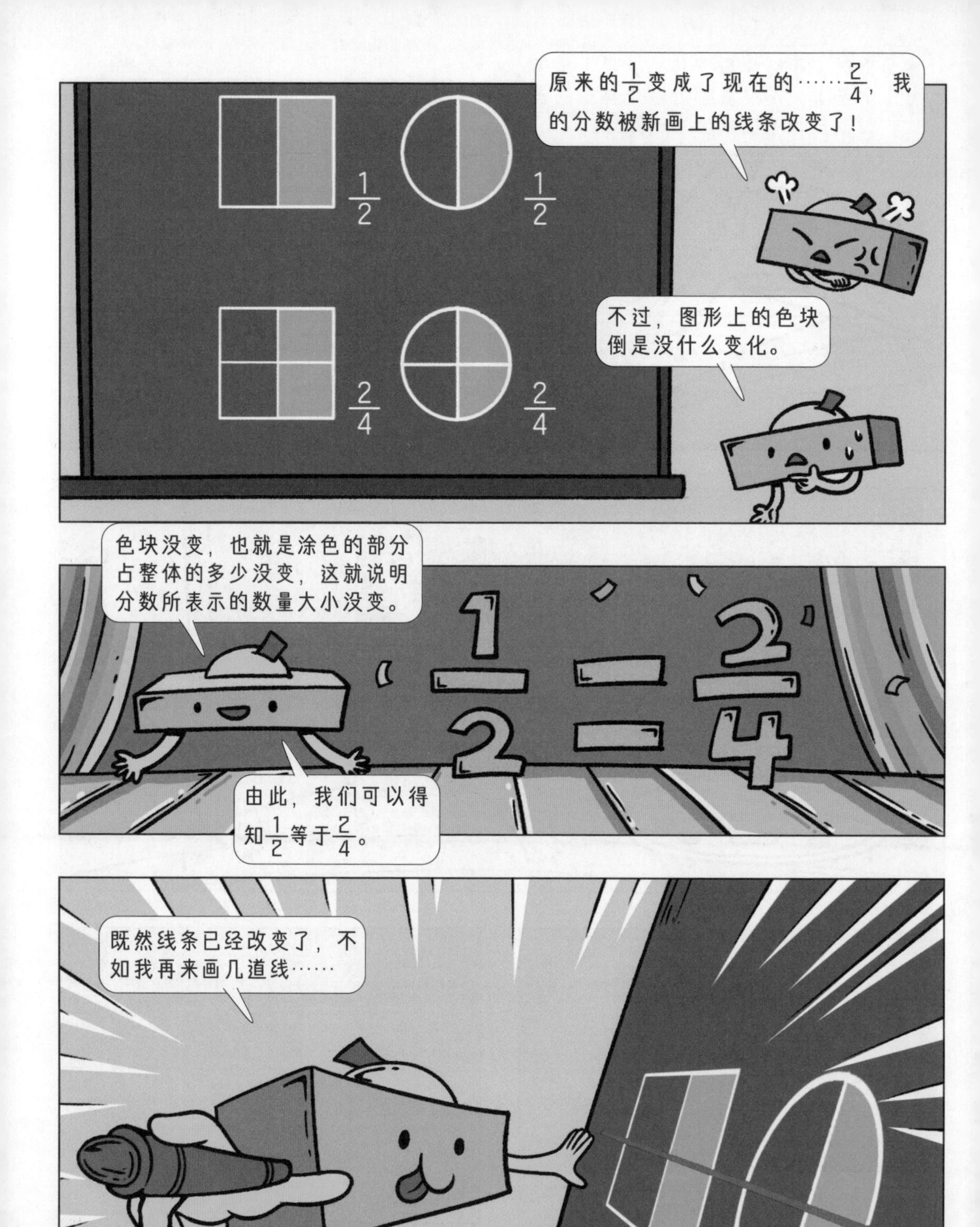
原来的$\frac{1}{2}$变成了现在的……$\frac{2}{4}$，我的分数被新画上的线条改变了！
不过，图形上的色块倒是没什么变化。
色块没变，也就是涂色的部分占整体的多少没变，这就说明分数所表示的数量大小没变。
$\frac{1}{2}=\frac{2}{4}$
由此，我们可以得知$\frac{1}{2}$等于$\frac{2}{4}$。
既然线条已经改变了，不如我再来画几道线……

看看现在的分数变成了多少？分数的数值大小有没有改变呢？
此时，涂色部分占整体的多少依旧没变，因此分数所表示的数量也依旧没变。$\frac{1}{2}=\frac{2}{4}=\frac{4}{8}$。
2/4 = 4/8
相等的分数可以有不同的写法，这些在数量上相等的分数，叫作等值分数。
等值分数

$\frac{1}{3}$
一小盒巧克力里有1个白巧克力，2个黑巧克力，白巧克力占总数的$\frac{1}{3}$。
$\frac{3}{9}$
这一盒里有3个白巧克力，6个黑巧克力，那么白巧克力占总数的$\frac{3}{9}$。
重新摆放一下，可以发现两个盒子里白巧克力的占比是一样的。
$\frac{1}{3}$等于$\frac{3}{9}$，这两个分数也是等值分数。
$\frac{1}{3}=\frac{3}{9}$
找一找，这些巧克力盒子里，哪个盒子里白巧克力占总数的分数值跟上面的分数是等值分数呢？

分数的大与小

对于一个整体，我们可以把它平均分成2份、3份、4份、5份……
1
一分之一
$\frac{1}{2}$
二分之一
$\frac{1}{3}$
三分之一
$\frac{1}{4}$
四分之一
$\frac{1}{5}$
五分之一
$\frac{1}{6}$
六分之一
$\frac{1}{7}$
七分之一
$\frac{1}{8}$
八分之一
$\frac{1}{9}$
九分之一
$\frac{1}{10}$
十分之一
从分出的份数中选取一份，就得到了分子为1的分数，叫作单位分数。对于单位分数，随着分母逐渐变大，相应的分数会越来越小。

整体分好后，除了从整体里面选择一份，我们还可以选择几份……

这些分数的分母都相同，随着分子逐渐变大，相应的分数也在变大。

我们来总结一下，单位分数会随着分母的增大而变小。除了单位分数，分子相同时，分母变大，分数所表示的数值变小。
数值
从分成5份的蛋糕里取2份，比从分成8份的蛋糕里取2份更多。
分母相同时，分子的变大会让分数所表示的数值变大。
数值
一个蛋糕分成了8份，从中取3份会比取2份更多。

真假分数

欢迎大家来到分数假面舞会，接下来我们将一起度过一段美好的时光……
不好意思，我迟到了！
这个分数的分子怎么看起来这么大！
肯定是为了凸显自己，在面具里藏了东西！
藏东西耽误了时间，所以迟到了！
不是这样的……

发生什么了？
我相信你，你是一个有点“特殊”的分数，你愿意摘下面具让大家认识一下吗？
不是这样的……
二分之三，这是什么分数？
分数不一定总小于整体的1，还可能大于1，这时分数的分子会大于分母，这样的分数叫假分数。

看看我，真正的分数都是分子小于分母的，所以我叫真分数。
假分数，哈哈哈！果然名副其实，是假的，不是真的。

我是分数！
我才是！
听我说……

当人们需要从整体中表示一部分时，创造了分数，因此通常我们提到分数最先想到的是分子小于分母的数，也就是真分数。
但后来，人们发现，当分子大于分母时，也可以表示数值，假分数就这样出现了，假分数当然也是分数！

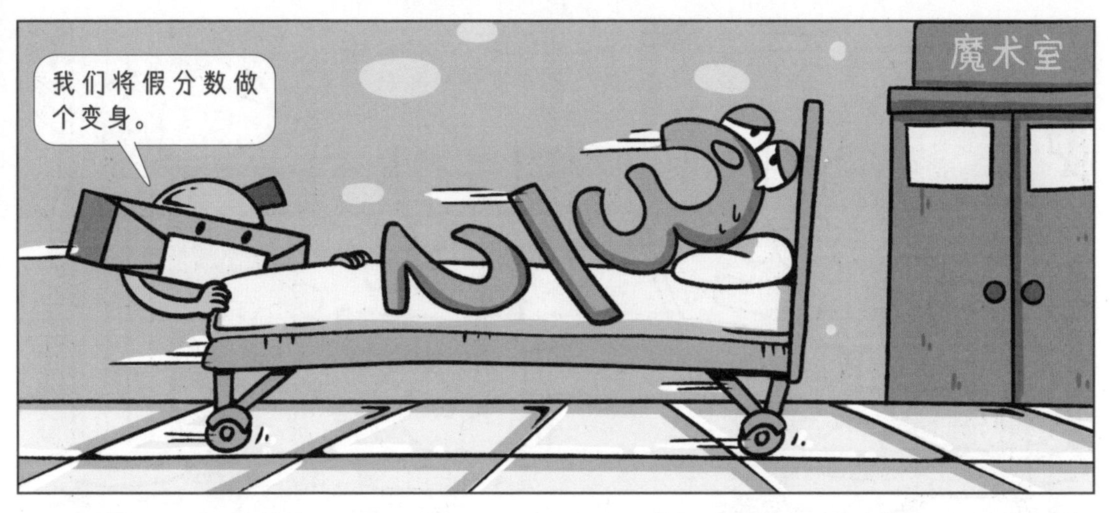
魔术室
我们将假分数做个变身。

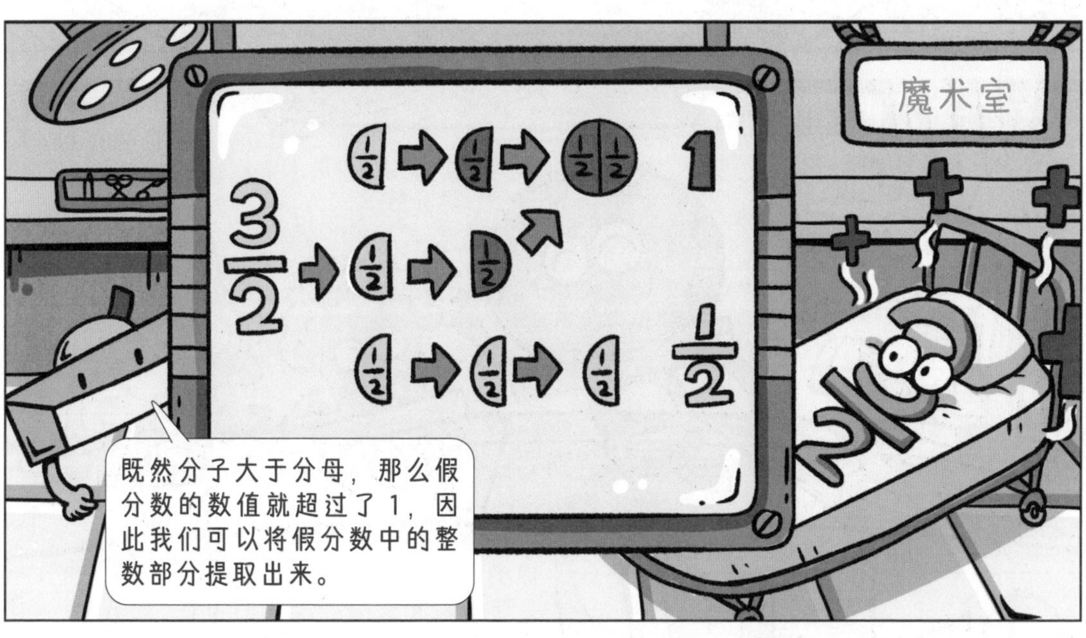
魔术室
既然分子大于分母，那么假分数的数值就超过了1，因此我们可以将假分数中的整数部分提取出来。

现在，$\frac{3}{2}$变成了$1\frac{1}{2}$！
魔术室

$1\frac{1}{2}$由一个整数和一个真分数组成，叫作带分数，这是假分数的另一种写法。
想不到咱们关系原来这么密切。
我们也来了！
我猜这个是假分数。
这个外面有整数，应该是带分数。

试衣间
你们说得没错，我们分别是带分数和假分数，我们之间是可以相互转化的。

我们先用图形把$\frac{7}{3}$表示出来，总共是 7 个$\frac{1}{3}$圆。我们把这 7 个$\frac{1}{3}$圆拼在一起，可以得到 2 个圆和剩下的 1 个$\frac{1}{3}$圆。这就是 $2\frac{1}{3}$。
我们可以把假分数$\frac{7}{3}$转化成带分数。
我们先用图形把 $1\frac{3}{5}$表示出来，即有一个平均分成 5 份的圆和一个从平均分成 5 份的圆里取 3 份的扇形。我们把每份分开摆放，总共可以得到 8 份$\frac{1}{5}$圆。这就是$\frac{8}{5}$。
现在我们想办法把带分数 $1\frac{3}{5}$化为假分数。
你来试一试，把假分数$\frac{7}{4}$转化成带分数吧。
试衣间
我们出来了！

分数和小数认亲了

等了半天，你总算来了。
这么着急，这是想我了吗？
何止是想，我要跟你认亲！你看……
这个我认识，它表示小数0.1。
没错，与此同时，它也可以用分数$\frac{1}{10}$来表示。
这个我可以用小数0.5来表示，你还能用分数表示吗？
总共平分成10份，取了其中的5份，那就是$\frac{5}{10}$了。

怎么能这样？
10
100
现在呢？我可以用小数0.50来表示，你还能行吗？
总共平均分成100份，取了其中的50份，那就是$\frac{50}{100}$了。
小数的各个数位是把整体1依次平均分成10份、100份和1000份，相应的一份也就分别是$\frac{1}{10}$、$\frac{1}{100}$和$\frac{1}{1000}$，因此小数都可以用分数表示出来。
0.1
0.01
0.001
$\frac{1}{10}$
$\frac{1}{100}$
$\frac{1}{1000}$

3.6
5.71
这些小数，你真的都能变成分数吗?

个位 十分位 百分位
3.6
5.71
我们把小数放到数位里来看看。

3.6
$3\frac{6}{10}$
3.6 这个小数到了十分位，小数部分的数字就代表有多少个$\frac{1}{10}$。
6 个$\frac{1}{10}$是$\frac{6}{10}$，再加上整数部分的 3，因此这个数就是 $3\frac{6}{10}$。

5.71
$5\frac{71}{100}$
5.71 这个小数到了百分位，小数部分的数字就代表有多少个$\frac{1}{100}$。
71 个 $\frac{1}{100}$ 是 $\frac{71}{100}$，再加上整数部分的 5，因此这个数就是 $5\frac{71}{100}$。

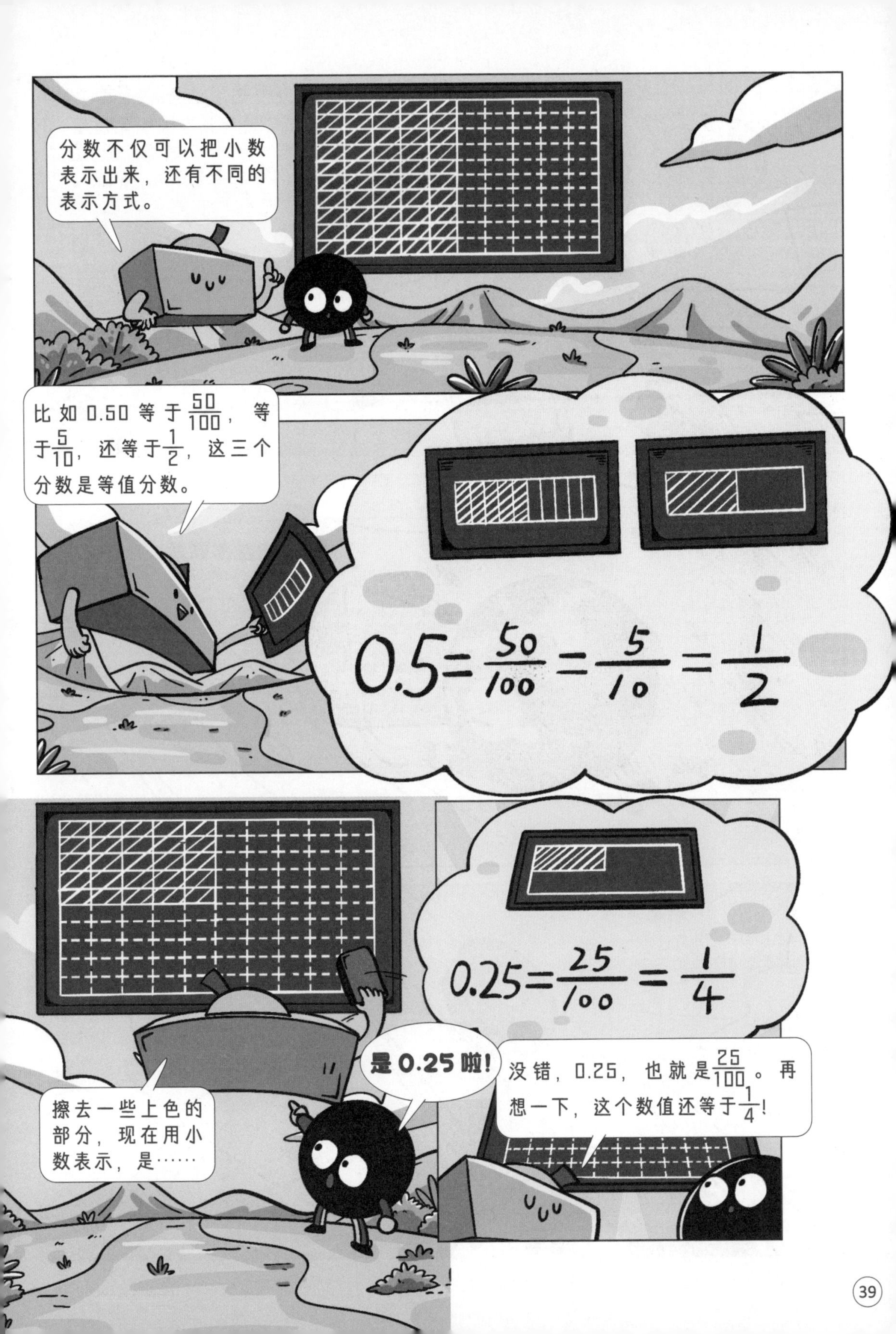
分数不仅可以把小数表示出来，还有不同的表示方式。
比如0.50等于$\frac{50}{100}$，等于$\frac{5}{10}$，还等于$\frac{1}{2}$，这三个分数是等值分数。
$0.5=\frac{50}{100}=\frac{5}{10}=\frac{1}{2}$
擦去一些上色的部分，现在用小数表示，是……
是0.25啦！
$0.25=\frac{25}{100}=\frac{1}{4}$
没错，0.25，也就是$\frac{25}{100}$。再想一下，这个数值还等于$\frac{1}{4}$！

真没想到，咱们之间有着这么密切的关系。
小数和分数都是在人们无法用整数来表示一些数量后出现的，我们可以用来表示“部分”。

亲人啊！
今后多联系！

别忘了我！

大受欢迎的百分数

认亲怎么能少了百分数！
原来是你啊！
我是百分号，我跟数字组合在一起，组成“百分之……”，比如你看到的百分之一。
百分数跟小数和分数都有着密不可分的联系。百分数的产生是为了更方便地比较比例关系。
0.01
1%
1
100

百分数 小数 分数
1% 0.01 $\frac{1}{100}$
10% 0.10 $\frac{10}{100}$ ($\frac{1}{10}$)
20% 0.20 $\frac{20}{100}$ ($\frac{1}{5}$)
25% 0.25 $\frac{25}{100}$ ($\frac{1}{4}$)
50% 0.50 $\frac{50}{100}$ ($\frac{1}{2}$)
75% 0.75 $\frac{75}{100}$ ($\frac{3}{4}$)
100% 1.00 $\frac{100}{100}$
由图可见，百分数和小数、分数三者之间可以实现相互转化。
在生活中，人们喜欢用百分数来表示一种成分在总体中所占据的含量。

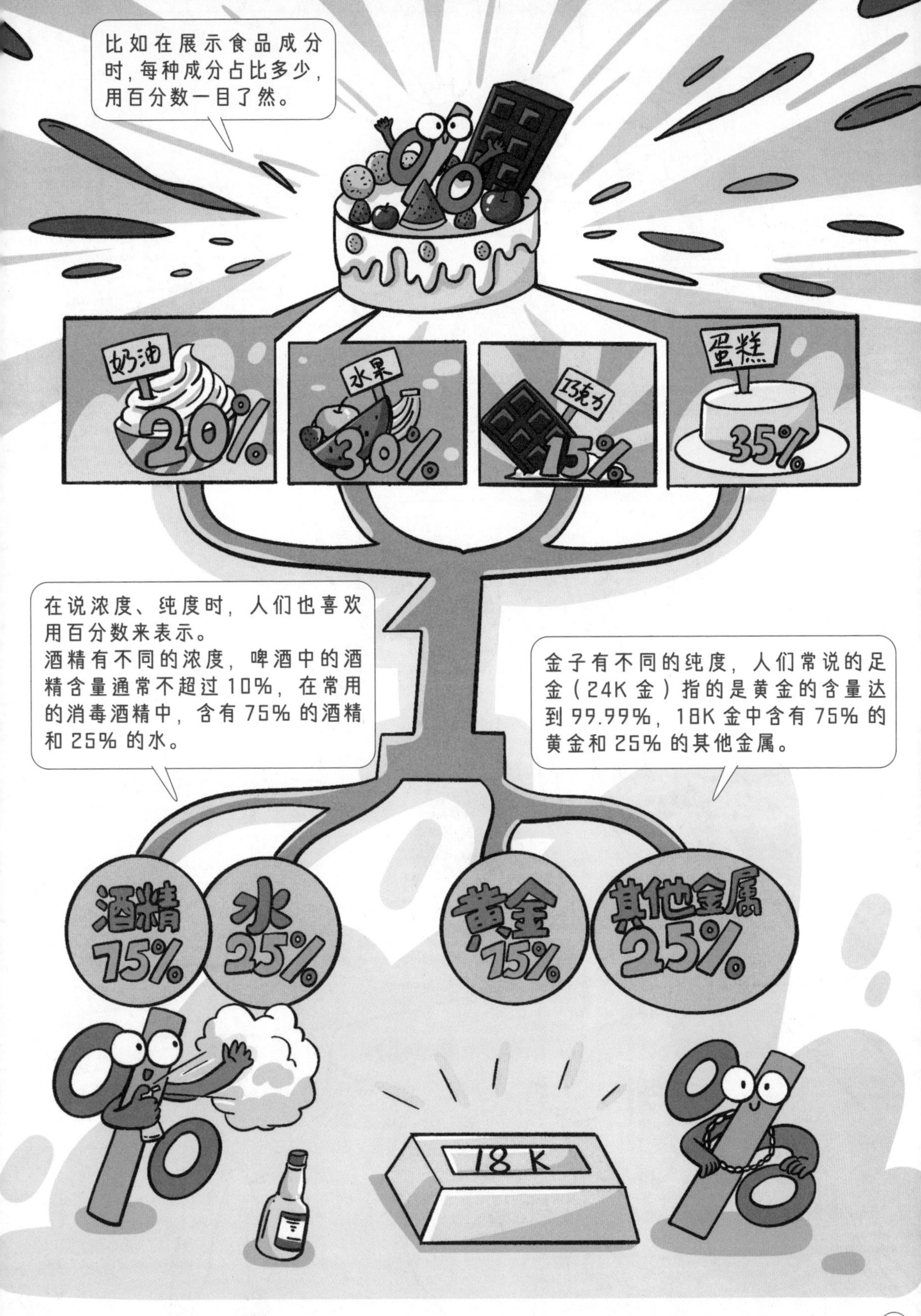

比如在展示食品成分时，每种成分占比多少，用百分数一目了然。
奶油
20%
水果
30%
巧克力
15%
蛋糕
35%
在说浓度、纯度时，人们也喜欢用百分数来表示。
酒精有不同的浓度，啤酒中的酒精含量通常不超过 10%，在常用的消毒酒精中，含有 75% 的酒精和 25% 的水。
金子有不同的纯度，人们常说的足金（24K 金）指的是黄金的含量达到 99.99%，18K 金中含有 75% 的黄金和 25% 的其他金属。
酒精
75%
水
25%
黄金
75%
其他金属
25%
18 K

不仅具体的事物可以用百分数来表示，抽象的事物也可以！
爱迪生曾说：“天才就是99%的汗水加1%的灵感”，将努力和天赋看成是成功的两大要素。
100%
在做事情时，我们会说要投入百分之百的努力，不要偷懒。百分之百，也就是全部。我们还会说百分之百的温暖，百分之百的爱，百分数就这样融入在人们的生活中。

树木是森林的一部分，山川是大地的一部分，云朵是天空的一部分。
小数、分数可以用来表示各种数量和数量关系，百分数只表示数量关系，我们都是数的一部分，你可要好好利用我们哦！

答案页

第9页

这个数字分解之后对应这个图形，想想看这个数字是多少呢？

图形对应的数字是 1.99。

第12页

现在，你来比一比，
在这两组数中，哪个数更大呢？

0.086 和 0.2 相比，0.2 更大。

31.5 和 27.96 相比，31.5 更大。

第17页

想一想，
1 毫米等于多少米？1 千克等于多少吨呢？

1 毫米等于 0.001 米，1 千克等于 0.001 吨。

第26页

找一找，这些巧克力盒子里，哪个盒子里白巧克力占总数的分数值跟上面的分数是等值分数呢？

这个巧克力盒子中白巧克力的占比为 $\frac{2}{6}$，跟 $\frac{1}{3}$ 和 $\frac{3}{9}$ 是等值分数。

第35页

你来试一试，把假分数 $\frac{7}{4}$ 转化成带分数吧。

假分数 $\frac{7}{4}$ 转化为带分数为 $1\frac{3}{4}$ 。

米莱童书 | 米莱童书

米莱童书是由国内多位资深童书编辑、插画家组成的原创童书研发平台。旗下作品曾获得2019年度“中国好书”，2019、2020年度“桂冠童书”等荣誉；创作内容多次入选“原动力”中国原创动漫出版扶持计划。作为中国新闻出版业科技与标准重点实验室（跨领域综合方向）授牌的中国青少年科普内容研发与推广基地，米莱童书一贯致力于对传统童书进行内容与形式的升级迭代，开发一流原创童书作品，适应当代中国家庭更高的阅读与学习需求。

策 划 人： 刘润东　张秀婷

原创编辑： 窦文菲

知识脚本作者： 于利 北京市海淀区北京理工大学附属小学数学老师，34年小学数学教学经验，海淀区优秀“四有”教师。

漫画绘制： Studio Yufo

专业审稿： 苑青 北京市西城区育才小学数学老师，32年小学数学教学经验，多次被评为教育系统优秀教师。

装帧设计： 张立佳　刘雅宁　刘浩男

封面插画： 孙愚火

图书在版编目（CIP）数据

这就是数学. 小数与分数 / 米莱童书著绘. -- 北京:

北京理工大学出版社, 2023.3（2025.4重印）

ISBN 978-7-5763-2026-8

Ⅰ. ①这… Ⅱ. ①米… Ⅲ. ①数学—儿童读物 Ⅳ.

①O1-49

中国国家版本馆CIP数据核字(2023)第000597号

责任编辑：陈莉华　吴　博　　文案编辑：陈莉华
责任校对：刘亚男　　责任印制：王美丽

出版发行 / 北京理工大学出版社有限责任公司
社　　址 / 北京市丰台区四合庄路6号
邮　　编 / 100070
电　　话 / (010)82563891(童书售后服务热线)
网　　址 / http://www. bitpress. com. cn

版 印 次 / 2025年4月第1版第10次印刷
印　　刷 / 朗翔印刷（天津）有限公司
开　　本 / 710 mm x1000 mm　1/16
印　　张 / 3
字　　数 / 70千字
定　　价 / 200.00元（全8册）

THAT'S MATH

No.4

这就是数学

几何图形

米莱童书 著/绘

北京理工大学出版社
BEIJING INSTITUTE OF TECHNOLOGY PRESS

作为“人类智慧皇冠上最灿烂的明珠”，数学是一门非常重要的学科。从远古时期的结绳记数、累加计算到现在的大数据和云计算，从稳定的勾股定理、和谐的黄金比例到奇特的分形，从维持基本生存、逐步开发地球到探索广袤宇宙，数学出现在人类认识和改造世界的方方面面，与生活息息相关，并与前沿科学和高新科技不断携手向前。数学是每一位小朋友从背上书包进入学校起就会接触的科目，会伴随他们的整个童年和少年时光。

“良好的开始是成功的一半”，在刚刚接触数学时，建立起对基础概念的科学认识，培养起数学学习的兴趣，是非常关键的一环。《这就是数学》就是一套意趣盎然的数学学科漫画图书，聚焦于数量与数字、计量单位、几何图形、数的运算等核心的数学主题，从对日常生活的观察和感知入手，强化对基础概念的认知和理解，一点点地引导小读者把握数学思维的规律和方法，克服数学入门阶段的学习难点，从而为整个数学学习的历程打下坚实的基础。这套书采用了漫画的讲述形式，每个数学主题的拟人化角色都鲜活生动，选取的例子贴近孩子的生活，还融入了丰富的数学文化与前沿应用，读起来很有意思。

数学来自生活，我们的数学教育也不应该脱离生活。当孩子发现：花朵会盛开 3 瓣、5 瓣或 8 瓣是有数学规律的；蜜蜂会给自己搭建正六边形的房子是有数学原因的；在自己跟父母讨价还价中其实会动用数学的思维；运用数学的方法不仅可以计算，还可以解释、分析和预测自然、社会，甚至心理上的各种现象……他们就不会再觉得数学冰冷、枯燥了，他们会爱上这个迷人的学科。

愿孩子们能在这套书中感受到数学之美，爱学数学，学好数学。

中国科学院院士、数学家、计算数学专家
郭柏灵

目 录

图形的世界

嗨，我是镜头，欢迎随我一起去观察世界！
天空中有几架飞机，远远看过去，它们就像一个个点。
飞机拉线了！一个个点连起来，就形成了线。
从一点到另一点，我们可以直直地画过去，也可以绕弯画，它们分别是直线段和曲线段。

走在平坦的地面上，真舒服。平坦的大地是一个平面。

现在，地面变得凹凸，走起路来变费劲了。像这样凹凸起伏的地面是一个曲面。

一些连绵起伏的山丘经过人们的开垦播种，变成了层层叠叠的梯田，让现在的视野中既有曲面又有平面。

工厂里，滚烫的铁水倒入模具，冷却后形成了一根根铁丝。

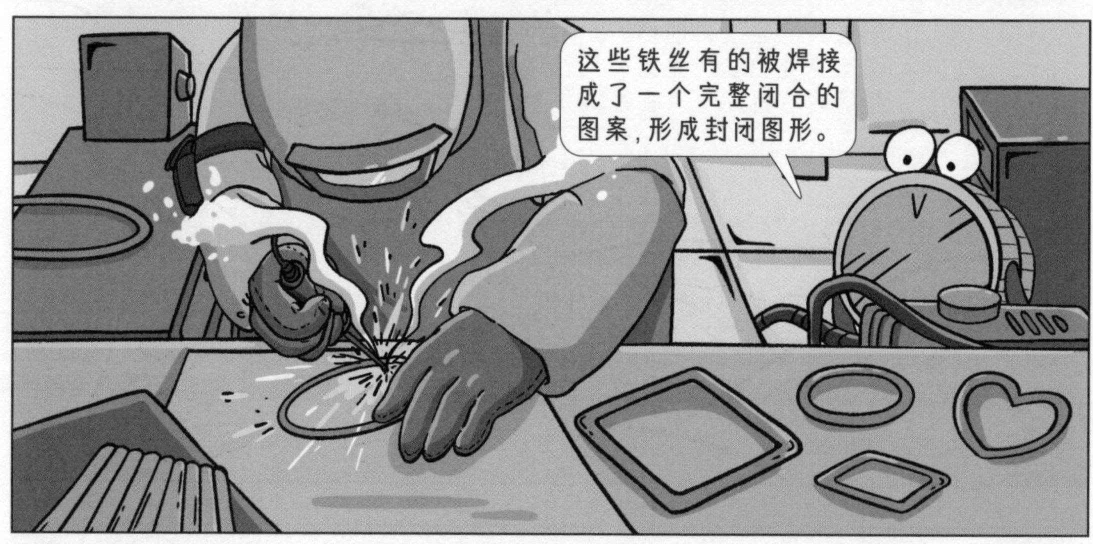
这些铁丝有的被焊接成了一个完整闭合的图案，形成封闭图形。

有些则留有缺口，可以与外界接通，形成开放图形。
999

餐桌上，面粉经过厨师的精心制作，变成了一份份美丽又美味的食物。

这些食物占据着一定的空间，是立体的，吃下去之后可以填饱肚子。
人们不断地用自己的力量改变着地球的模样，也制作出各种样子的物品，而我们所感知到的这一切，都属于……
图形

给图形拍拍照

现在，我要到相机里开始给图形拍照啦！
照相可以定格瞬间的美好，也可以定格瞬间的模样，照相……
我要拍照！
我也要拍照！

咔嚓！
坐好，笑一笑！3—2—1……

咔嚓！
很好，3—2—1……

照片出来了！
咦，这是我吗？
这是我吗？
这是你们的照片啊！
不同于现实中立体的你，
照片会把你“压扁”了，
变成一个平面图形。
平面图形是平的，没有厚度。这些在照片上、纸上的图形，就是平面图形。

多样的平面图形

这些形状看着都不一样……
这些都是一些常见的平面图形。
你的这个是三角形，三角形有三个尖尖的角。
1、2、3，它也有三条直直的边。
1
2
3
3
2
1
由三条线段围成的封闭图形是三角形。
等边三角形
锐角三角形
直角三角形
钝角三角形

照片里的图形由四条直直的边组成，是四边形。
它的四条边一样长，四个角的大小也是一样的，这样方方正正的四边形是正方形。
2
4
3
长
短
短
长
这个四边形的四个角的大小一样，相对的两条边的长度相等，这样的四边形是长方形。
将长方形相对的两个角轻轻一拉，长方形可以变成平行四边形，平行四边形相对的两条边的长度是相等的，相对的角的大小也是一样的。
边
边
边
边
在平行四边形上切掉一个三角形，还可以剩下一个四边形，这个四边形的形状有些像攀爬的梯子，叫梯形。

1、2、3、4、5、6，这个图形由六条直直的边组成，叫六边形吗？
没错！由线段围成的平面图形是多边形。除了三条边的封闭图形叫作三角形之外，三条边以上的封闭图形就叫作多边形。

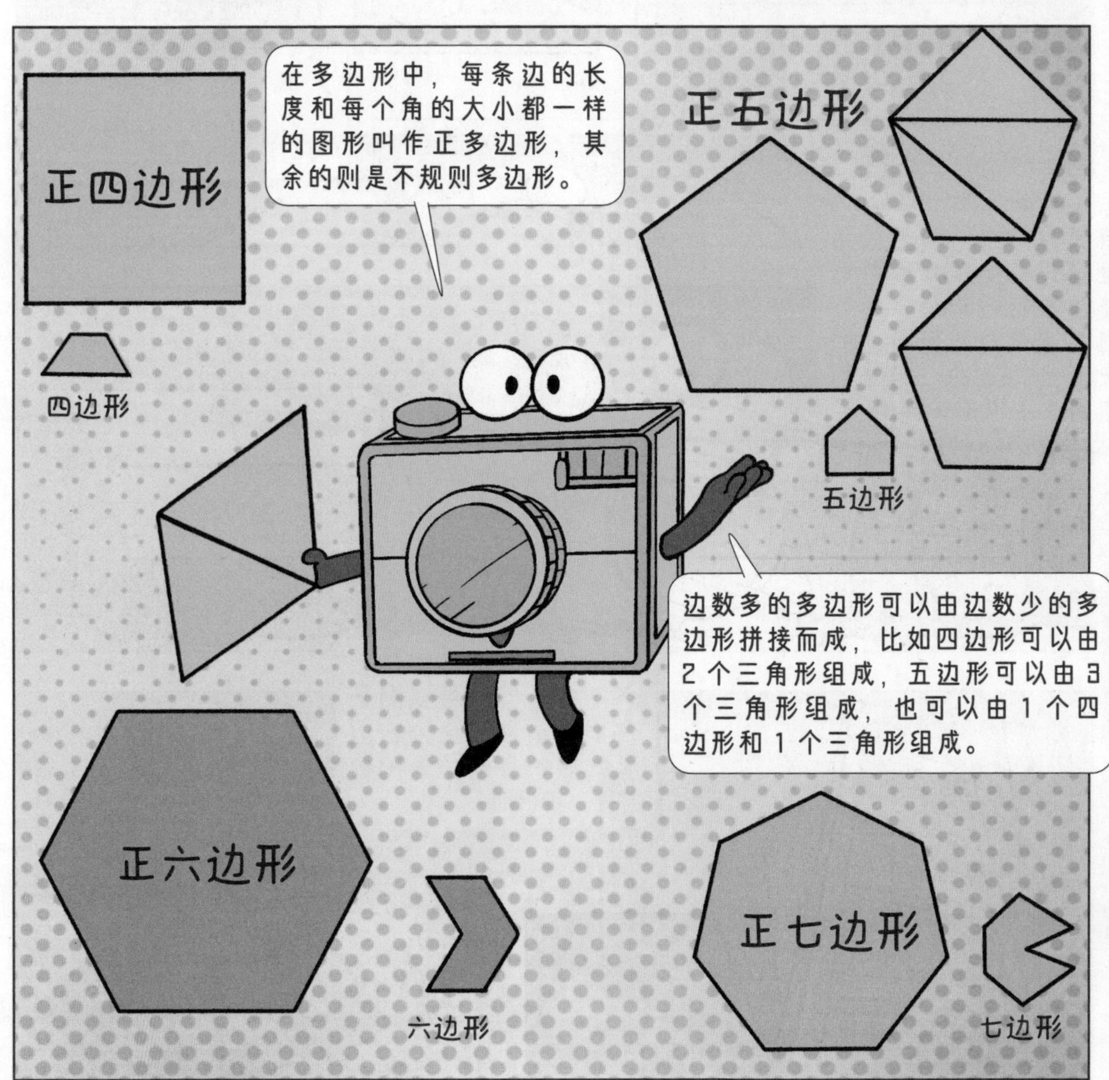
在多边形中，每条边的长度和每个角的大小都一样的图形叫作正多边形，其余的则是不规则多边形。
正四边形
四边形
正五边形
五边形
边数多的多边形可以由边数少的多边形拼接而成，比如四边形可以由2个三角形组成，五边形可以由3个三角形组成，也可以由1个四边形和1个三角形组成。
正六边形
六边形
正七边形
七边形

我懂了！现在我可以叫出所有平面图形的名字了！
这个是……是……
是什么？
这是圆形，不同于多边形，圆形是由弯曲的线条构成的。中间的点叫圆心，圆心到曲线上每一点的距离都是相等的。
圆心

横看成岭侧成峰

还真是圆形！同样都是我，为什么拍的照片会截然不同呢？
因为角度不同啊！
“横看成岭侧成峰，远近高低各不同”，大文学家苏轼的这首诗就向我们呈现了不同观看角度下风景的差异。

在给顾客拍照时，我喜欢从三个不同的视角来拍摄，分别是正面、左面和上面。
从正面看过去的样子叫作主视图。从左面看过去的样子叫作左视图。从上面看下去的样子叫作俯视图。
俯视图
左视图
主视图
合起来，这三个视角下的三个图形叫作三视图。

这是我给一个顾客拍的一套三视图美照，你们能认出它是谁吗？

看着好熟悉，这是……水杯！
没错！

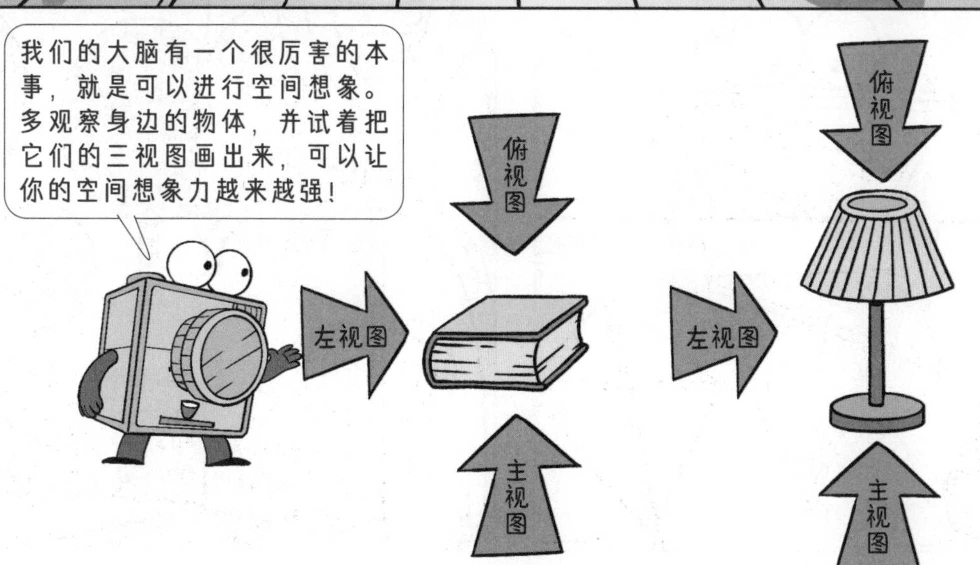
我们的大脑有一个很厉害的本事，就是可以进行空间想象。多观察身边的物体，并试着把它们的三视图画出来，可以让你的空间想象力越来越强！
俯视图
左视图
主视图
俯视图
左视图
主视图

奇妙的对称

现在，我被邀请到制造厂来拍照了，这里是风筝车间。
风筝车间

风筝车间
制作风筝要从搭建支架开始，先把横竖两根竹条固定起来。

接着把风筝面粘到支撑的竹条上。

做好了！出来试一试！

飞不起来……

再试一次！

怎么回事啊？

我一定要找
出原因！

左边这两个图形看
着都很……对称！
我知道为什么了！

如果沿着中间竖条的位置对折，图形两边的部分可以完全重合，这个图形就是对称的！
我做的这个不能重合，是不对称的。不对称的构造会不平衡，难怪飞不起来……是我太粗心了。
对于对称的图形，也不是随便折叠就能让两边重合，需要我们找到——对称轴！对称轴具有这样的特点：在对称轴的一边任选一个点，穿过对称轴，总可以在对面找到一个对应的点，沿着对称轴折叠，这两个点能够重合。
有的图形没有对称轴，有的图形有一条对称轴，还有的图形，有不止一条对称轴……

这个菱形图案有一条横的对称轴，还有一条竖的对称轴。
1
2

这个正方形图案有一条横的对称轴，一条竖的对称轴，还有两条斜的对称轴。
1
2
3
4

这个圆形图案有1条、2条、3条、4条……

无数条对称轴！

看一看，这里面哪个图形是对称的？请你找出对称图形的所有对称轴。

风车做好了，快来拍照啦！

有趣的旋转

大风车吱呀吱哟哟地转，这里的风景呀真好看……
咔
好看又好玩的风车是怎么做出来的呢？我得去看看……
这是风车的支架，接下来一片片扇叶会被安装上来。
现在有了第一片扇叶。

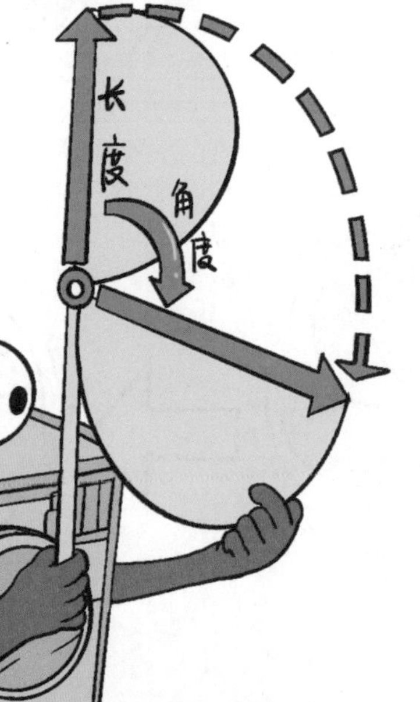

线条在空间上延伸，形成的是长度。

线条绕着一个点转动，形成的就是角度。

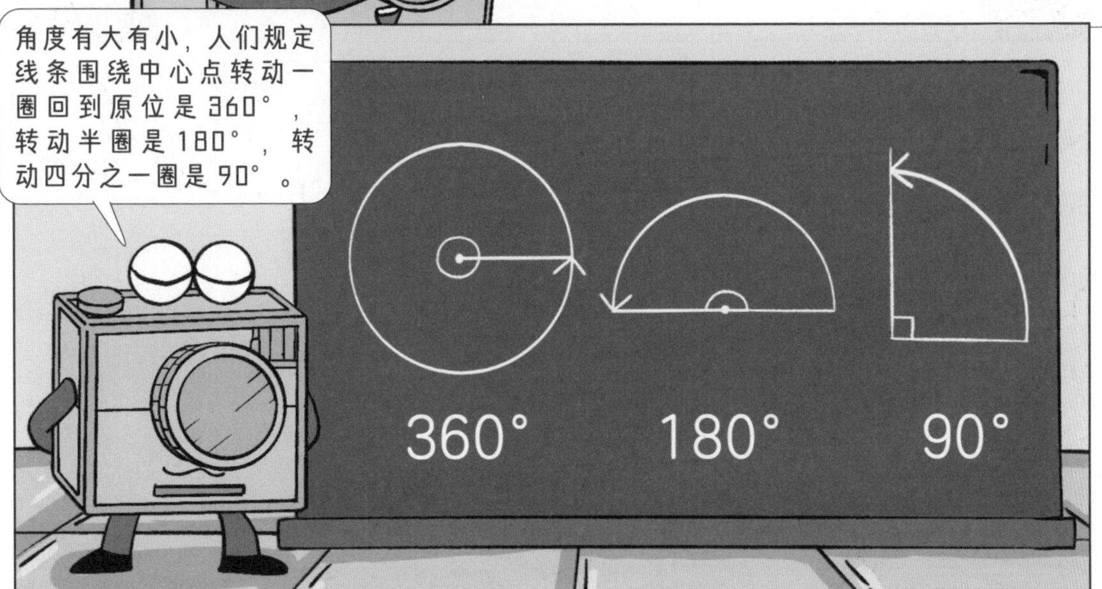

依次转动，风车的四片扇叶就都装好了。拍一下，再拍一下！

我来把两个风车剪下来。

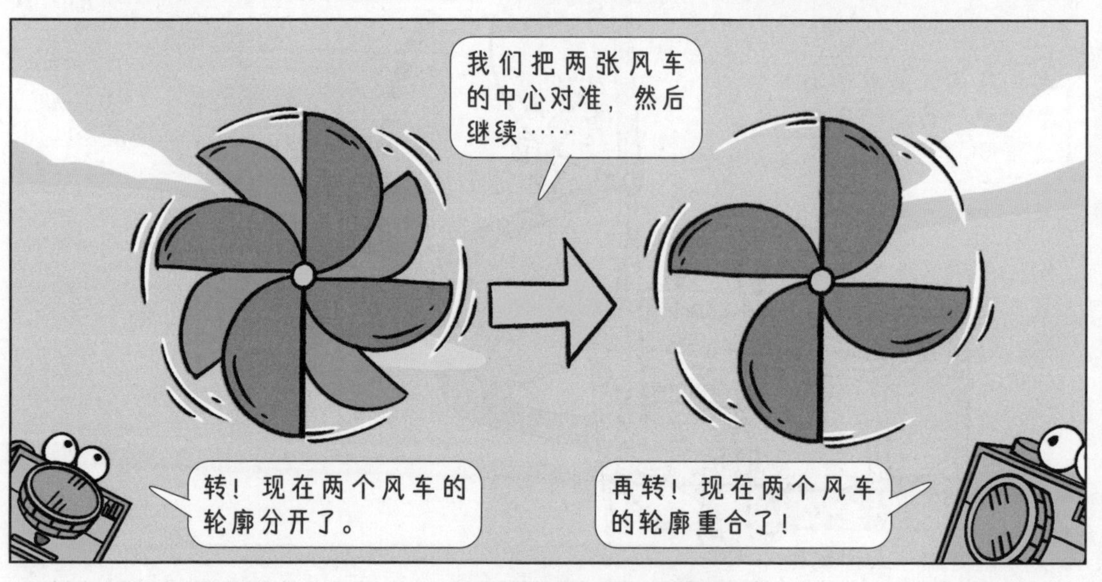
我们把两张风车的中心对准，然后继续……
转！现在两个风车的轮廓分开了。
再转！现在两个风车的轮廓重合了！

又分开，又重合了……

旋
转
转
旋
发现什么了吗?
转动一定的角度（小于360°）后，风车就可以跟照片的轮廓相重合，这样的图形叫作旋转对称图形，而这个围绕着旋转的点就是旋转中心。
这些风车的扇叶图案都是旋转对称图形。
除此之外，各个正多边形也都是旋转对称图形。生活中有着各种各样的旋转对称图形。
隔壁是书签制作车间，进去看看……
书签制作车间

高效的平移

经过印刷之后，白色的纸片变成了彩色的！
速度真快，赶快拍下来！
看看这张照片，里面的图形都是一样的，却在不同的位置上，因此一个图形可以看成是另一个图形移动过来的。
将图形移动到一个新的位置上，这个过程叫作平移。平移时，图形上的每个点都朝同一方向移动了相同的距离。
1
2
3
4
平
1
2
3
4
移

接下来图案部分会被裁下来制成一个个书签。
做好了！
把这些图案靠近一点。它们好像能……无缝衔接！这样没有缝隙地将图形排列起来是密铺，也叫作平面镶嵌。

这样我们就可以直接在更大的纸张上印刷很多个图案，就不用裁剪掉边角部分产生浪费了。

行动起来！

现在各种图案的书签
都在批量印刷中！
这个是长方形的。
这些是不规则四边形的……你发现了么，这些四边形也都可以密铺在一起！
这个图案也可以密铺，真好玩！

对称、旋转、平移，这些都是进行图形变换的方式，生活中许多美丽的图案都是通过这些变换创造出来的。
这个图案的旋转中心在哪里？它有几条对称轴？
这个图案可以由怎样的基本图形经过平移得到呢？
看看这张图案，你能找出里面的轴对称图形、旋转对称图形和经过平移变换的图形吗？

透视立体图形

醒醒！该回到立体图形的世界了！
我们生活在立体图形的世界，身边有着各种各样的立体图形。
就像平面图形的命名跟边数有关，立体图形的命名则常常跟面的形状有关。
说到立体图形，那我得去找另一个合作伙伴——透视光。和它组合在一起，我就可以穿过表面，看到物体内部的世界了！

我们来看看这个立体的铅笔盒。
这个立体图形占据着一定的空间，它在不同的方向上延伸。
这三段长度分别是这个立体图形的长、宽和高。有长、宽、高的图形，就是立体图形。
高
宽
长
再仔细看看这个图形，会发现它由这几部分组成……
立体图形表面的这一层，是立体图形的面。
数一数，这个图形有6个面。
面与面相交的地方，是立体图形的棱。
数一数，这个图形有12条棱。
在棱跟棱相交的地方，是立体图形的顶点。
数一数，这个图形有8个顶点。

多样的立体图形

现在各种立体图形都闪亮登场了，请它们分别做一下自我介绍吧！
我的各个面都是正方形，我叫正方体。数一数，我有6个面、12条棱和8个顶点哟。
生活中的骰子、魔方和一些盒子都是正方体。
炸鸡
我有至少4个面都是长方形，我叫长方体。我也有6个面、12条棱和8个顶点哟。
生活中的长方体实在是太多了，书本、柜子、各种各样的盒子，都是长方体。

看起来大家都“棱角分明”啊！
我的各个面都是三角形，我的名字叫三棱锥。
我的头看起来是尖尖的，锥就是尖的意思，名字中的三棱指的是头顶周围的三条棱。实际上，我有4个面、6条棱和4个顶点。
三棱锥形状的东西并不多，好吃的粽子是三棱锥形的，还有一些饰品会设计成三棱锥形。

我由一个圆形平面和一个曲面构成，我的名字叫圆锥。
沙堆、漏斗、铅笔头、冰激凌蛋筒……都是圆锥。
我是圆锥的朋友，我由两个相同的圆面和中间的一个曲面构成，我叫圆柱。我常常被用作建筑的立柱结构。
此外，水杯、水桶，还有卫生纸卷……都是圆柱体。

这几个立体图形都逐渐变“圆滑”了。
我是圆锥和圆柱的朋友，我由一个曲面构成，我没有棱，也没有顶点，无论在哪个方向看，都能得到一个圆，我叫球体。
地球仪、足球、玻璃球，这些事物虽然大小不一，但都是球体，很多水果也都是圆圆的球体。

利用不同立体图形的特点，人们设计了各种各样形状的物体来满足生活的需要。

球体、圆柱的曲面可以翻滚、转动。
街道上，圆柱形的车轮或快或慢地转动着，前进的车轮将人们带向远方的目的地。

正方体和长方体的每个面都是平的，可以依次地堆砌。
仓库里，长方体箱子按照一定的规律层层叠叠地堆起来，即使堆得很高，依然很稳定。

许多建筑都是由一块块砖石搭建起来的，比如雄伟的万里长城！

挑战立体搭建

哗啦……
哎呀，干嘛呢，这么不小心！
我们三个正在根据照片搭建立体图形，不知道为什么没成功……
三个正方体怎么够用呢？
1、2、3，不是3个吗？
你们几个闭上眼睛，不能偷看。

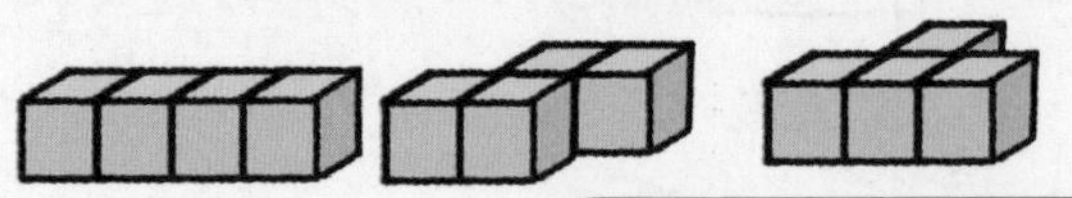

仅仅 4 个正方体就已经有了很多种组合形式，要是有更多的立方体……

我们 4 个还可以搭建出更多样的立体图形。

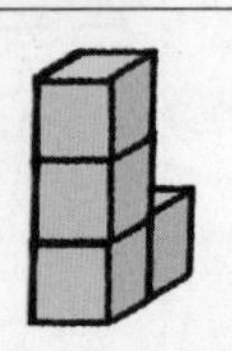

多个正方体相互堆起来之后，有些正方体可能会被遮盖住，就不容易看到了。
不过我的透视光可以看见！

看不见并不代表不存在，如果这里变成空的，那这个正方体就没法待在上面了。
你干嘛！

我们来观察一下。一层的图形排列总是可以一目了然。

但碰到多层排列的时候就要小心了。这时候得从上往下一层一层来看。

先看最上面一层，
有1个。

再看第二层，在第一层正方体的下面，一定会有1个正方体，不然这个正方体就没法待在上面了。
再数其他的，还有2个，所以第二层总共有3个。
现在到了第三层，在第二层每个正方体的下面，一定都有一个正方体，不然上面两层的正方体就没法待在上面了，这就有3个。
再数其他的，还有3个，所以第三层总共有6个。

1个、3个和6个，所以这个立体
图形是由10个正方体组成的！
用我的透视光检查一下，是10个！

透过表象，我们看到了其中的每一
个个体，正是大家的共同努力，才
构成了各种各样的图形和结构。
数一数，这个组合
体是由几个正方体
组成的呢？

图形：认识世界的一扇窗

说到透视，不光我有这个能力，许多建筑设计师和画家都有。

在修建大楼时，设计师需要绘制图纸，这其中就包含着复杂的透视和结构，正因为有了这些精妙准确的设计，建筑才能既精美又牢固。

在创作画面时，画家需要清楚空间中的透视关系，才能让画作看着就像照片一样自然逼真。

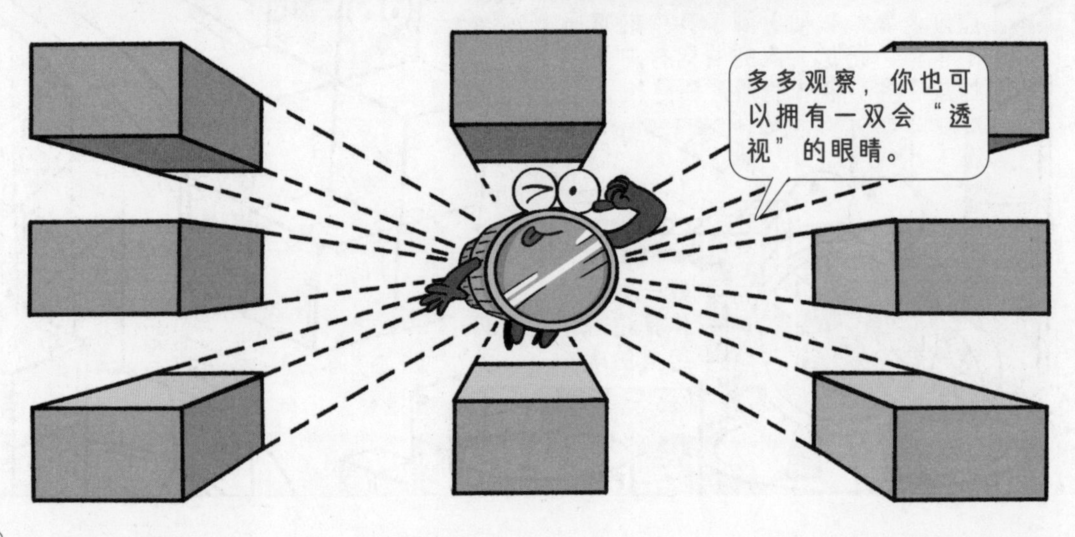
多多观察，你也可以拥有一双会“透视”的眼睛。

说到构图，不仅我的镜头里有许多美丽的图案，大自然中更是充满各种美妙的创意。
许多种类动物的形体都是大致对称的，在美观的同时，对称的布局也带来了很多观察和行动的便利。
小到我们手指上的纹路、贝壳的螺旋结构、水流的漩涡，大到星系中天体的螺旋状运动，旋转常见又神秘。
不要忽视身边这些你可能已经司空见惯的图像，在每一条曲线、每一个组合里，可能都藏着宇宙自然的秘密。

对于图形的感知是人们与生俱来的能力，人们喜欢富有规律和美感的图形，并通过边、角、面之间的关系来深入研究它们。

图形在研究中又被称作几何，古希腊的著名哲学家柏拉图相信几何学中蕴藏着现实世界的神圣真理，要求他的学生必须学习几何。
他的学生，著名数学家欧几里得写了《几何原本》一书，推导证明了几何图形间的各种关系，是一部极为伟大的数学著作。
几何原本

在几何图形中，不仅有边、角、面之间的关系，还有长度、角度等数值，这就离不开测量和计算了。

对于多边形，每条边的长度叫作边长，外围一周的长度叫作周长。
多边形所围成的区域大小，是它的面积。
面积
周长
不过周长和面积该怎么计算呢？这就得请教负责运算的朋友们了！

第21页 看一看，这里面哪个图形是对称的？
请你找出对称图形的所有对称轴。

这些图形中，五角星、飞机和亭子是对称的，并且分别有 5 条、1 条和 1 条对称轴。

第41页 数一数，
这个组合体是由几个正方体组成的呢？

这个组合体由 8 个正方体组成。

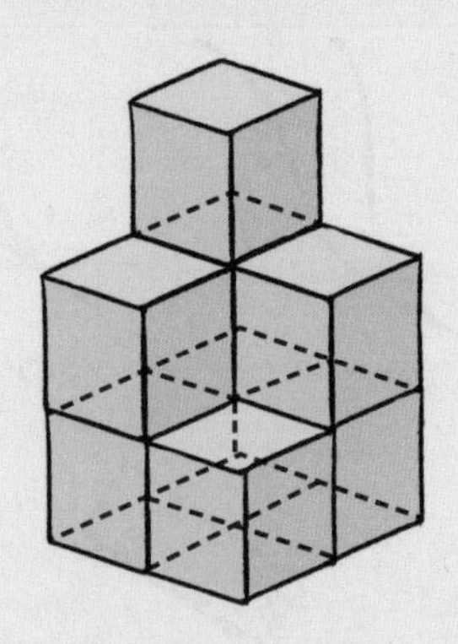

米莱童书 | 米莱童书 点亮孩子的未来

米莱童书是由国内多位资深童书编辑、插画家组成的原创童书研发平台。旗下作品曾获得2019年度“中国好书”，2019、2020年度“桂冠童书”等荣誉；创作内容多次入选“原动力”中国原创动漫出版扶持计划。作为中国新闻出版业科技与标准重点实验室（跨领域综合方向）授牌的中国青少年科普内容研发与推广基地，米莱童书一贯致力于对传统童书进行内容与形式的升级迭代，开发一流原创童书作品，适应当代中国家庭更高的阅读与学习需求。

策 划 人： 刘润东　张秀婷

原创编辑： 窦文菲

知识脚本作者： 于利 北京市海淀区北京理工大学附属小学数学老师，34年小学数学教学经验，海淀区优秀“四有”教师。

漫画绘制： Studio Yufo

专业审稿： 苑青 北京市西城区育才小学数学老师，32年小学数学教学经验，多次被评为教育系统优秀教师。

装帧设计： 张立佳　刘雅宁　刘浩男

封面插画： 孙愚火

图书在版编目（CIP）数据

这就是数学. 几何图形 / 米莱童书著绘. -- 北京：北京理工大学出版社, 2023.3（2025.4重印）

ISBN 978-7-5763-2026-8

Ⅰ. ①这… Ⅱ. ①米… Ⅲ. ①数学—儿童读物 Ⅳ. ①O1-49

中国国家版本馆CIP数据核字(2023)第000601号

责任编辑：陈莉华　吴　博　　**文案编辑：**陈莉华
责任校对：刘亚男　　**责任印制：**王美丽

出版发行 / 北京理工大学出版社有限责任公司
社　　址 / 北京市丰台区四合庄路6号
邮　　编 / 100070
电　　话 / (010)82563891(童书售后服务热线)
网　　址 / http://www. bitpress. com. cn

版 印 次 / 2025年4月第1版第10次印刷
印　　刷 / 朗翔印刷（天津）有限公司
开　　本 / 710 mm x1000 mm　1/16
印　　张 / 3
字　　数 / 70千字
定　　价 / 200.00元（全8册）

THAT'S MATH

No.5

这就是数学

数的运算

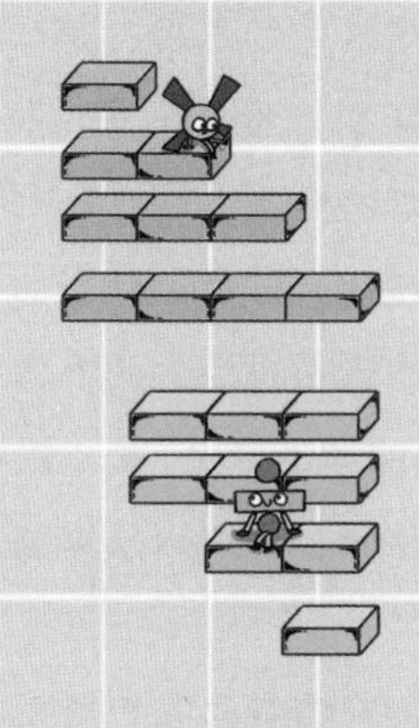

米莱童书 著/绘

北京理工大学出版社
BEIJING INSTITUTE OF TECHNOLOGY PRESS

作为“人类智慧皇冠上最灿烂的明珠”，数学是一门非常重要的学科。从远古时期的结绳记数、累加计算到现在的大数据和云计算，从稳定的勾股定理、和谐的黄金比例到奇特的分形，从维持基本生存、逐步开发地球到探索广袤宇宙，数学出现在人类认识和改造世界的方方面面，与生活息息相关，并与前沿科学和高新科技不断携手向前。数学是每一位小朋友从背上书包进入学校起就会接触的科目，会伴随他们的整个童年和少年时光。

“良好的开始是成功的一半”，在刚刚接触数学时，建立起对基础概念的科学认识，培养起数学学习的兴趣，是非常关键的一环。《这就是数学》就是一套意趣盎然的数学学科漫画图书，聚焦于数量与数字、计量单位、几何图形、数的运算等核心的数学主题，从对日常生活的观察和感知入手，强化对基础概念的认知和理解，一点点地引导小读者把握数学思维的规律和方法，克服数学入门阶段的学习难点，从而为整个数学学习的历程打下坚实的基础。这套书采用了漫画的讲述形式，每个数学主题的拟人化角色都鲜活生动，选取的例子贴近孩子的生活，还融入了丰富的数学文化与前沿应用，读起来很有意思。

数学来自生活，我们的数学教育也不应该脱离生活。当孩子发现：花朵会盛开 3 瓣、5 瓣或 8 瓣是有数学规律的；蜜蜂会给自己搭建正六边形的房子是有数学原因的；在自己跟父母讨价还价中其实会动用数学的思维；运用数学的方法不仅可以计算，还可以解释、分析和预测自然、社会，甚至心理上的各种现象……他们就不会再觉得数学冰冷、枯燥了，他们会爱上这个迷人的学科。

愿孩子们能在这套书中感受到数学之美，爱学数学，学好数学。

中国科学院院士、数学家、计算数学专家
郭柏灵

目 录

运算符号的出现

加油！加油！
嗨，我是加号，我喜欢不断增加的感觉。
增加，再增加，这很符合历史的潮流……
远古时候，人们以采集和狩猎为生，这样的生活具有很大的不确定性，需要人们对收获的食物做好计数和分配。

随着历史的发展，人们创造出的物质和财富不断增加，这个过程中，人们也在进行着越来越复杂的运算……
酒
酒
酒
在钱币出现后，可以买到各种东西的钱成为人们追逐的对象，算清自己手里有多少钱是一件很重要的事情。
后来，人们定居下来，开始种植庄稼、饲养家畜，这时人们需要计算清楚土地的面积和家畜的数量，以及收获的粮食多少。

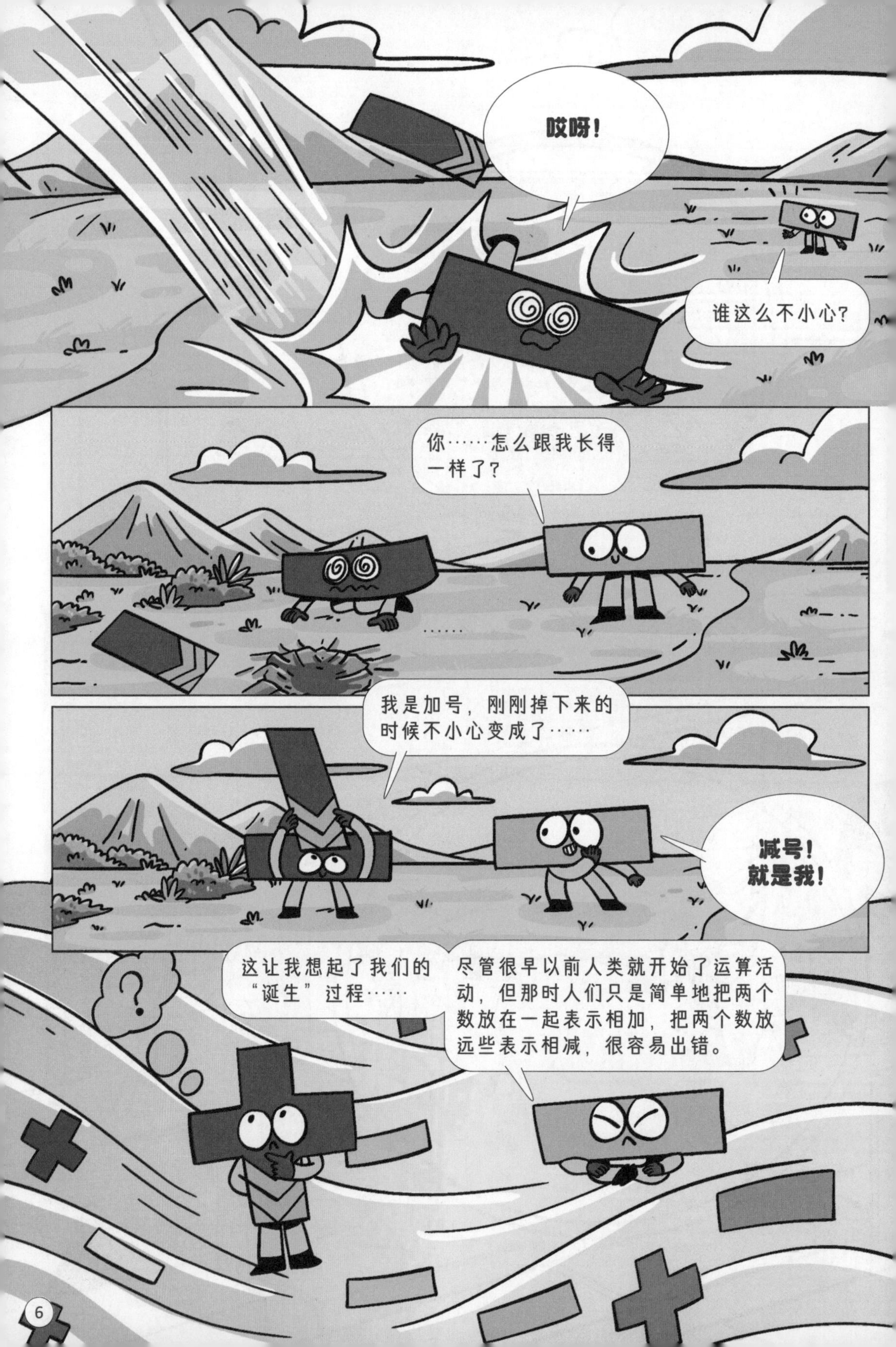
哎呀！
谁这么不小心？
你……怎么跟我长得一样了？
……
我是加号，刚刚掉下来的时候不小心变成了……
减号！就是我！
这让我想起了我们的“诞生”过程……
尽管很早以前人类就开始了运算活动，但那时人们只是简单地把两个数放在一起表示相加，把两个数放远些表示相减，很容易出错。
?

直到15世纪，德国数学家魏德曼认为在横线上加一竖来表示增加很合适，才发明了我——加号。
既然在横线上加一竖可以表示增加，那么去掉这一竖只留下横线，就可以表示减少，这就是随后出现的我——减号。
我们都是运算符号。
有了数字和运算符号，人们就可以通过列算式来计算了……

奇妙的
等式
电线上刚刚落了2只鸟，现在又飞来3只。
这里有2只猫，后来这对猫有了3只猫宝宝。
这户人家本来有2个人，今天家里来了3位客人。
这些数量关系，都可以用2加3来表示，我在两个数中间，表示将前后的数加起来。
明明是各不相同的事物，却可以用相同的式子表示出来，这是因为算式可以提取出数量关系。
2
3

那么，2 加 3 等于
多少呢？
?

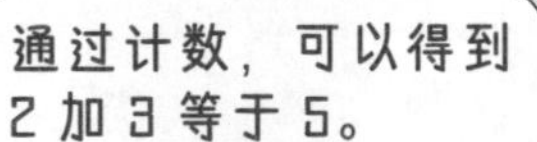
通过计数，可以得到
2 加 3 等于 5。

2
3
5
列式子的目的是在
等号右边得出计算
的结果，左右相等
时，算式就可以变
成一个等式。

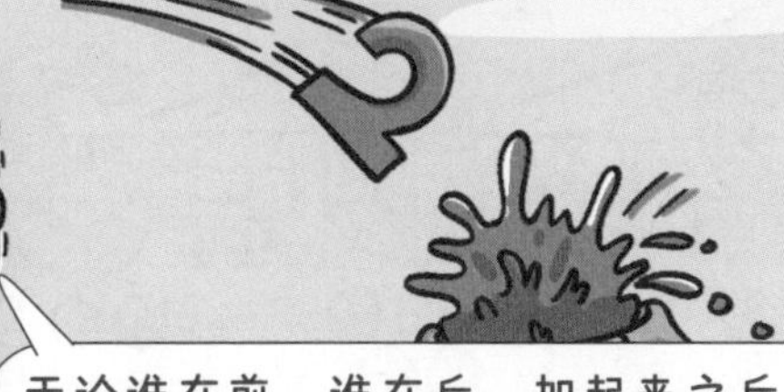
无论谁在前、谁在后，加起来之后各
个数总会合到一起，因此我们可以交
换加号前后数的位置。

交
换
律
两个数相加，无论按
什么顺序来写，计算
的结果都是一样的，
这叫作交换律。

有东西，
小心！
现在该怎么办？
没办法，只能让你离开了。等式左边少了3，右边也得去掉3，才能重新平衡。
这个我会！
5减3等于2。
我在两个数中间，表示从第一个数（被减数）中减掉第二个数（减数），得到的结果是相减的差。
与加法刚刚相反，
减法是加法的逆运算。

故事要从很久之前说起……

加减运算的办法

相传，一天一个商人外出收粮食。在第一户人家，他收买到 21 袋粮食，在第二户人家，他又收买到 34 袋粮食。现在，车上有多少袋粮食呢？

经过一片树林时，商人看到了落在地上的树枝，他灵机一动，开始在地上用树枝比划起来……

21 中有 1 个 1 和 2 个 10，因此需要摆上 1 根竖的树枝和 2 根横的树枝。
用同样的表示方法，34 中有 4 个 1 和 3 个 10，因此需要再摆放上 4 根竖的树枝和 3 根横的树枝。
现在，我们来数一数，总共有 5 根竖的树枝，5 根横的树枝，也就是有 5 个 1 和 5 个 10，由此得到结果是 55。
真是太机智了!

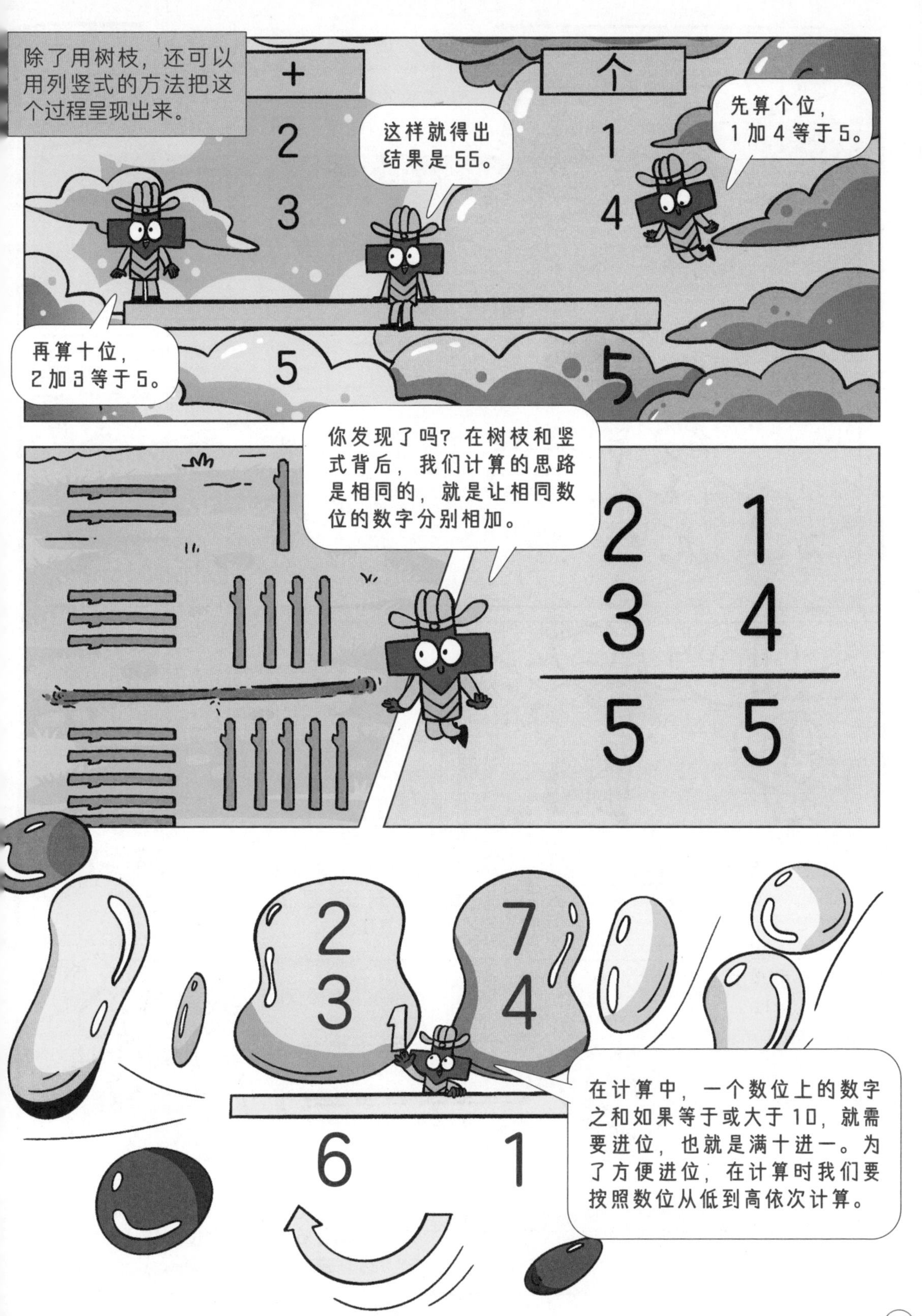
除了用树枝，还可以用列竖式的方法把这个过程呈现出来。
十
个
2
1
3
4
先算个位，1加4等于5。
这样就得出结果是55。
再算十位，2加3等于5。
5
5
你发现了吗？在树枝和竖式背后，我们计算的思路是相同的，就是让相同数位的数字分别相加。
2 1
3 4
5 5
2
3
7
4
1
6
1
在计算中，一个数位上的数字之和如果等于或大于10，就需要进位，也就是满十进一。为了方便进位，在计算时我们要按照数位从低到高依次计算。

继续商人的故事……在收到了82袋粮食后，他带着这些粮食来到了一个缺粮的地方售卖。一个人过来买走了19袋粮食，还剩下多少呢？
商人依旧用树枝来计算，他先用树枝把82摆出来，下面需要在82中去掉9个1和1个10。
10
个位上要去掉9个1，现在只有2个1，不够减，因此从前面十位借过来一个10。
12-9=3
12减去9等于3，因此个位上剩3。现在十位还剩7个10。
接着，在十位上去掉1个10，7减1等于6，因此十位上剩6。
这样就得到了最终的结果——63。

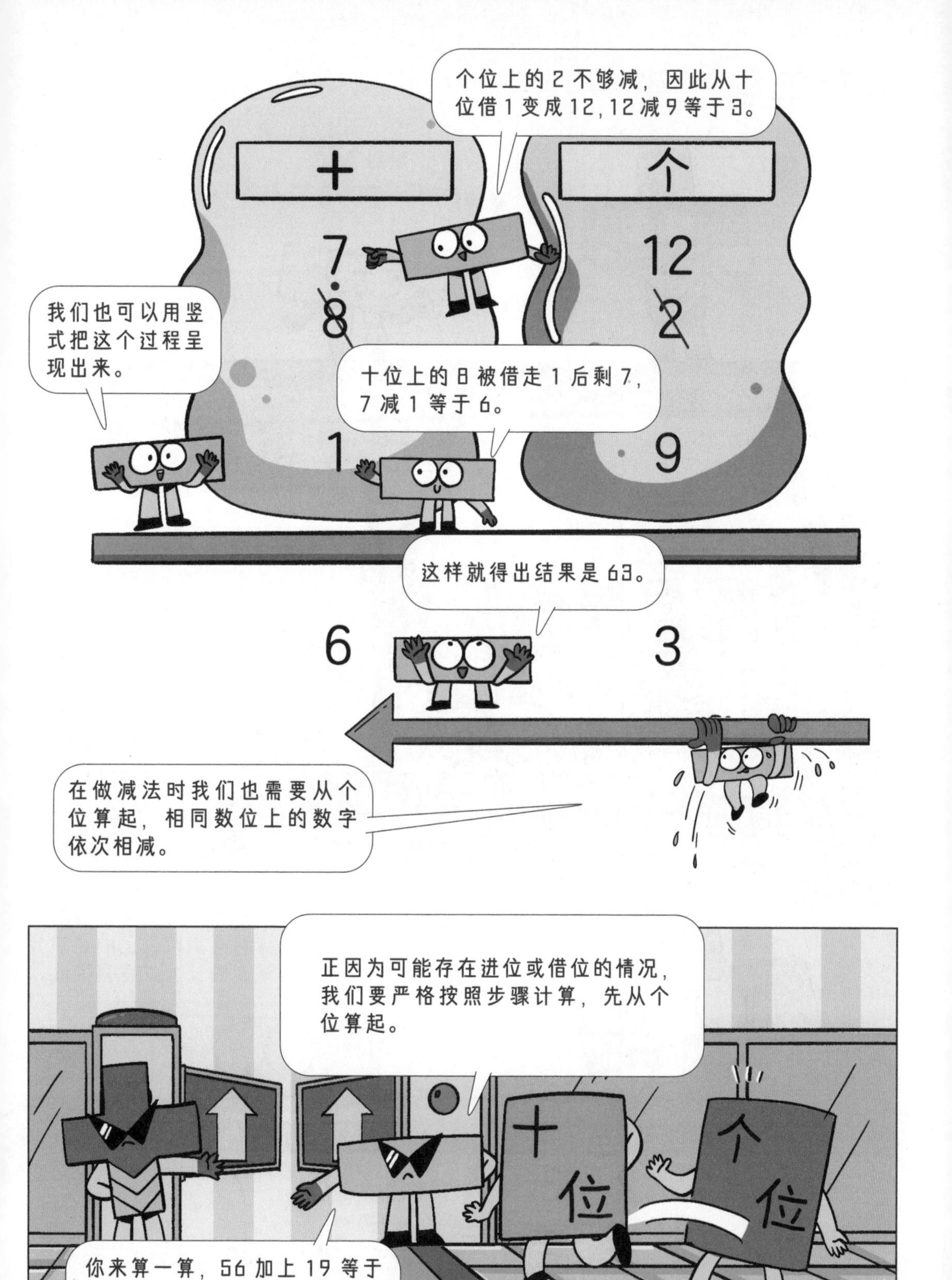
十
个
个位上的2不够减，因此从十位借1变成12，12减9等于3。
7
8
12
2
我们也可以用竖式把这个过程呈现出来。
十位上的8被借走1后剩7，7减1等于6。
1
9
这样就得出结果是63。
6
3
在做减法时我们也需要从个位算起，相同数位上的数字依次相减。
正因为可能存在进位或借位的情况，我们要严格按照步骤计算，先从个位算起。
十位
个位
你来算一算，56加上19等于多少？56减去19等于多少？

从算筹到运筹

算筹！
刚刚的树枝让我想到了……
算筹是一根根同样长短和粗细的小棍，多用竹子制成，看起来有点像筷子。人们会把算筹放在袋子里随身携带，需要计算的时候就拿出来。
刚刚商人计算时用的树枝就是算筹的雏形。
记数时，算筹有横式和纵式两种，对于多位数，各个数位上数字会用纵式和横式交替来表示。计算加减法时，古人会将各个数位上的数字分别进行计算，跟我们现在的计算过程很接近。
1 2 3 4 5 6 7 8 9
横式
纵式

一筹莫展
说到“筹”字，我又想到了成语“一筹莫展”“略胜一筹”“运筹帷幄”……
运筹帷幄
略胜一筹
用于计算的算筹被人们引申出了运筹、筹谋等意思，于是有了这些成语。由此可见，运算有多重要，它与生活息息相关。

那还等什么，掌握了计算方法，该我们大展身手去解决生活中的问题了！

运算的用武之地（一）

由部分组成整体，是一个增加的过程。
从整体中去掉部分，是一个减少的过程。

合唱队有26名女生，24名男生，合唱队总共有多少人？
班里有45名同学，有17人报名参加了演讲比赛，有多少人没有报名呢？

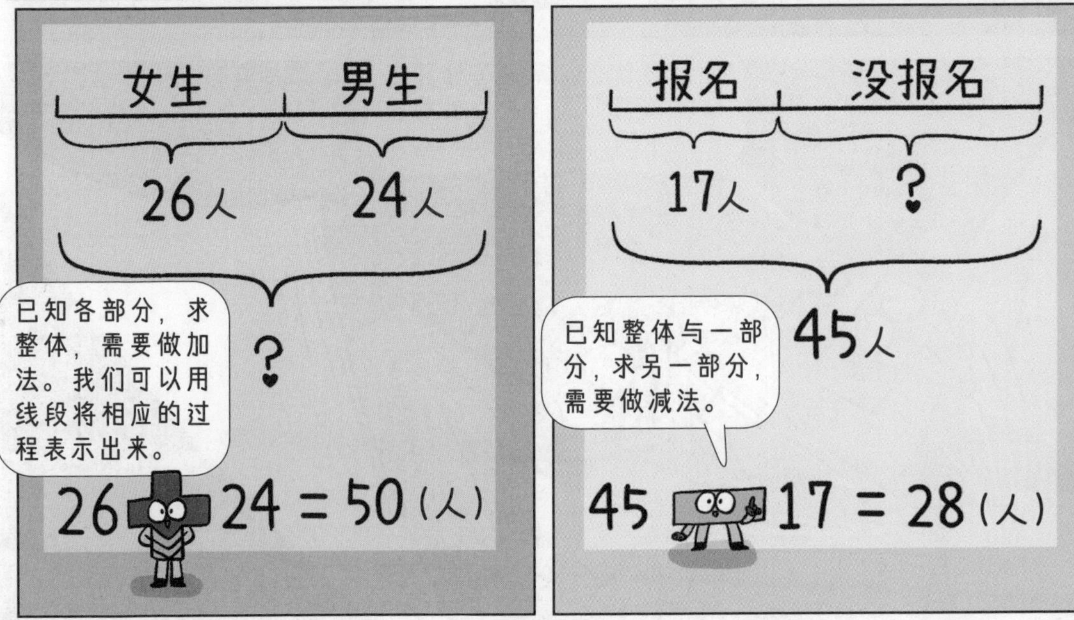

女生
男生
26人
24人
?
已知各部分，求整体，需要做加法。我们可以用线段将相应的过程表示出来。
26 24 = 50（人）
报名
没报名
17人
?
45人
已知整体与一部分，求另一部分，需要做减法。
45 17 = 28（人）

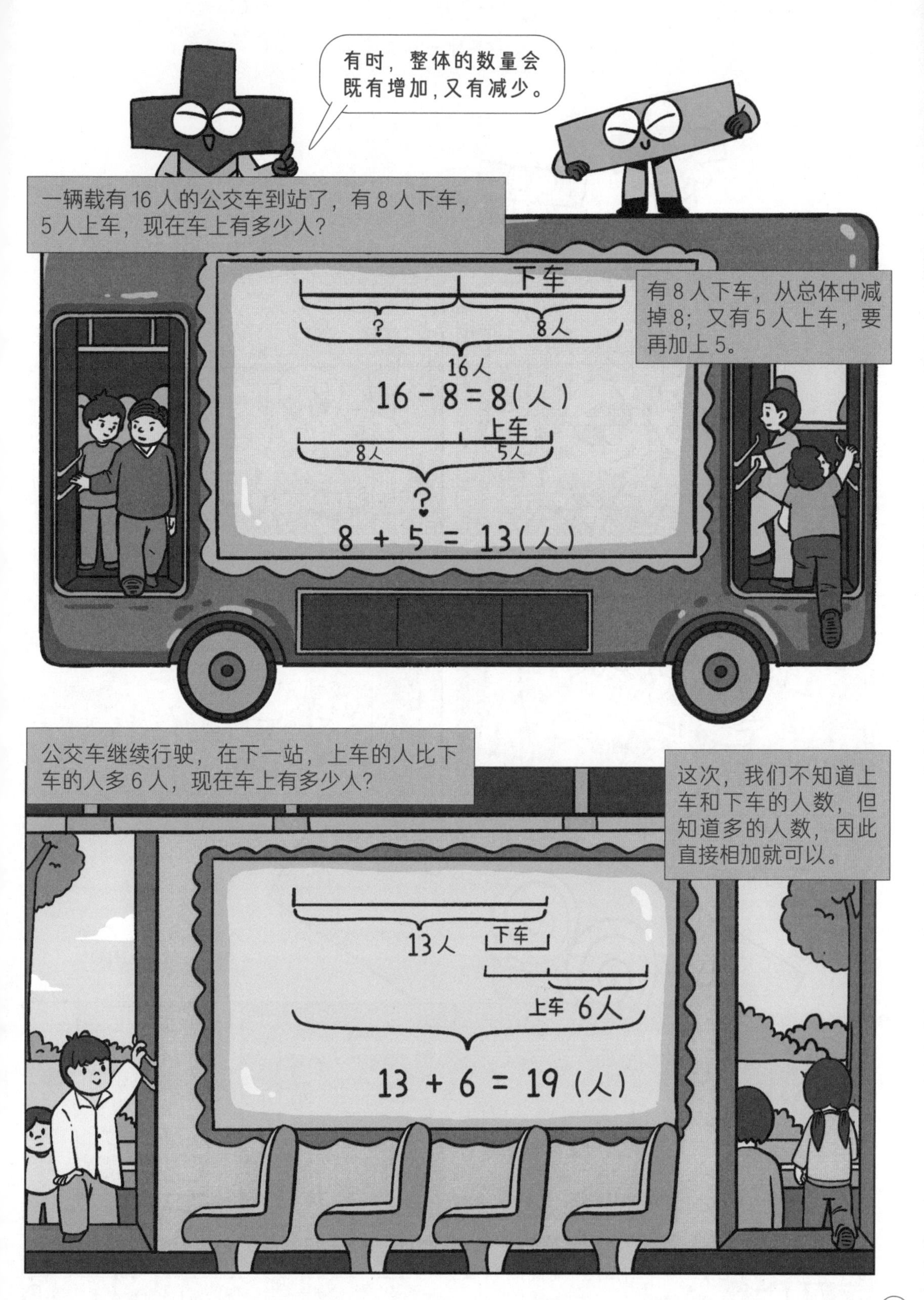
有时，整体的数量会
既有增加，又有减少。
一辆载有 16 人的公交车到站了，有 8 人下车，
5 人上车，现在车上有多少人？
下车
?
8人
16人
16－8＝8(人)
上车
8人
5人
?
8＋5＝13(人)
有 8 人下车，从总体中减
掉 8；又有 5 人上车，要
再加上 5。
公交车继续行驶，在下一站，上车的人比下
车的人多 6 人，现在车上有多少人？
这次，我们不知道上
车和下车的人数，但
知道多的人数，因此
直接相加就可以。
13人
下车
上车
6人
13＋6＝19(人)

我们来比一比爷爷和奶奶的年龄。

奶奶今年 68 岁，奶奶比爷爷大 3 岁，爷爷今年多少岁？

奶奶今年 68 岁，爷爷比奶奶小 3 岁，爷爷今年多少岁？

爷爷今年 65 岁，奶奶比爷爷大 3 岁，奶奶今年多少岁？

爷爷今年 65 岁，爷爷比奶奶小 3 岁，奶奶今年多少岁？

听起来像绕口令……
到底多少岁啊？

无论是奶奶比爷爷大，还是爷爷比奶奶小，我们都可以得知奶奶的年龄更大，爷爷的年龄更小。

奶奶 68岁 爷爷 ? 3岁

爷爷 65岁 奶奶 ? 3岁

68-3=65(岁)　　65+3=68(岁)

知道爷爷的年龄求奶奶的年龄，需要做加法。

因此知道奶奶的年龄求爷爷的年龄，需要做减法。

在看到“比……大/多”“比……小/少”时，
比较的问题就来了，
这时需要先确定两者的数量关系。
小/少
大/多
如果已知多的一方和两者的差值，求少的一方，就需要做减法。
小欢体重 65 千克，小欢的体重比小胖多 8 千克，小胖的体重是多少呢？
如果已知少的一方和两者的差值，求多的一方，就需要做加法。

乘号与除号登场

身为运算符号，我要不忘初心，不断攀登，帮助人们解决复杂的计算问题。
我要继续……什么东西可以飞这么高？
原来你在这里呀。
你……怎么看起来跟我这么像？
我是乘号，我是在你之后出现的。
17 世纪，英国数学家奥特雷德提出可以把加号转动一下，变成类似字母“X”的符号，来作为乘号。

乘号之所以要在加号的基础上变身，是因为乘法与加法之间具有密不可分的关系。

这里有一袋苹果。

用加法来算是3加3加3加……，等于……
3+3+3+3+3+3
3×6=18
6个3连加等于18，用乘法来算就是3乘6，等于18。
可以按每行3个，把它们排成6行。

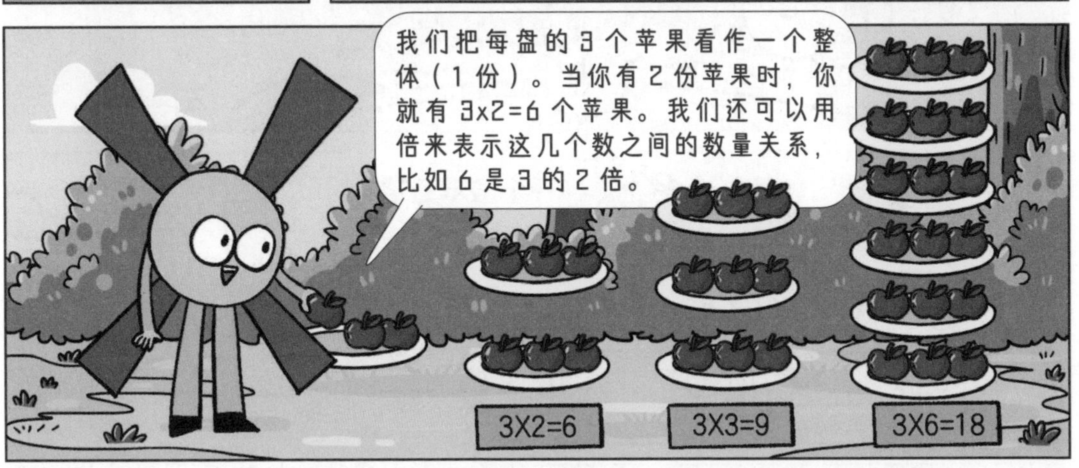
我们把每盘的3个苹果看作一个整体（1份）。当你有2份苹果时，你就有3x2=6个苹果。我们还可以用倍来表示这几个数之间的数量关系，比如6是3的2倍。
3X2=6
3X3=9
3X6=18

3+3+3+3+3+3=3×6=18
3
6
18
可见乘法是加法的简便运算。

还可以按每行6个，
把它们排成3行。
6+6+6=18
6×3=18
用加法来算是6加6加6，等于18。
3个6相加，用乘法来算就是6乘3，也就是6的3倍，等于18。
交
换
律
3乘6等于6乘3，两数相乘计算的结果都是一样的，因此乘法也满足交换律。
一个数不见了？
式子左边只剩下6，那右边的18要怎么分才能得到6呢？
18分成2份，每份是9，不行……
18分成3份，每份是……6，这次对了！
缺少了相乘的数，我也得离开了。

终于到我了！不用依次来试，18除以3等于6。
我是除法运算中的除号，我前面的数是总体，叫被除数；后面的数是要平分的份数，叫除数；计算的结果也就是每份的数量，叫商。
6=18÷3
18÷3=6
除法是乘法的逆运算，表示把一个总体平均分成几个部分。
在一条短线的上下各加一个小圆点，来表示分开的意思，除号就这样被瑞士数学家哈代创造了出来。
说到均分，你可能会想到分数线，没错，分数线是我的亲密好友，我们都可以表示对总体的平均分配。18个苹果平分为3份，是18除以3。
也就是三分之十八——$\frac{18}{3}$！
18÷3=18/3=6
18
12
6
0
18−6=12
12−6=6
6−6=0
可以用减法来验证一下。

乘除运算的办法

乘号和除号已就位，可我们该怎么计算乘法与除法呢？
对现实世界的观察总是可以带给人们一些不错的灵感……
土地的大小会决定庄稼收入的多少，因此人们很早就对土地面积的计算有着深入的研究，而这跟乘法运算也有关系。
我们让每个方块来代表数量1，这里有12个方块……

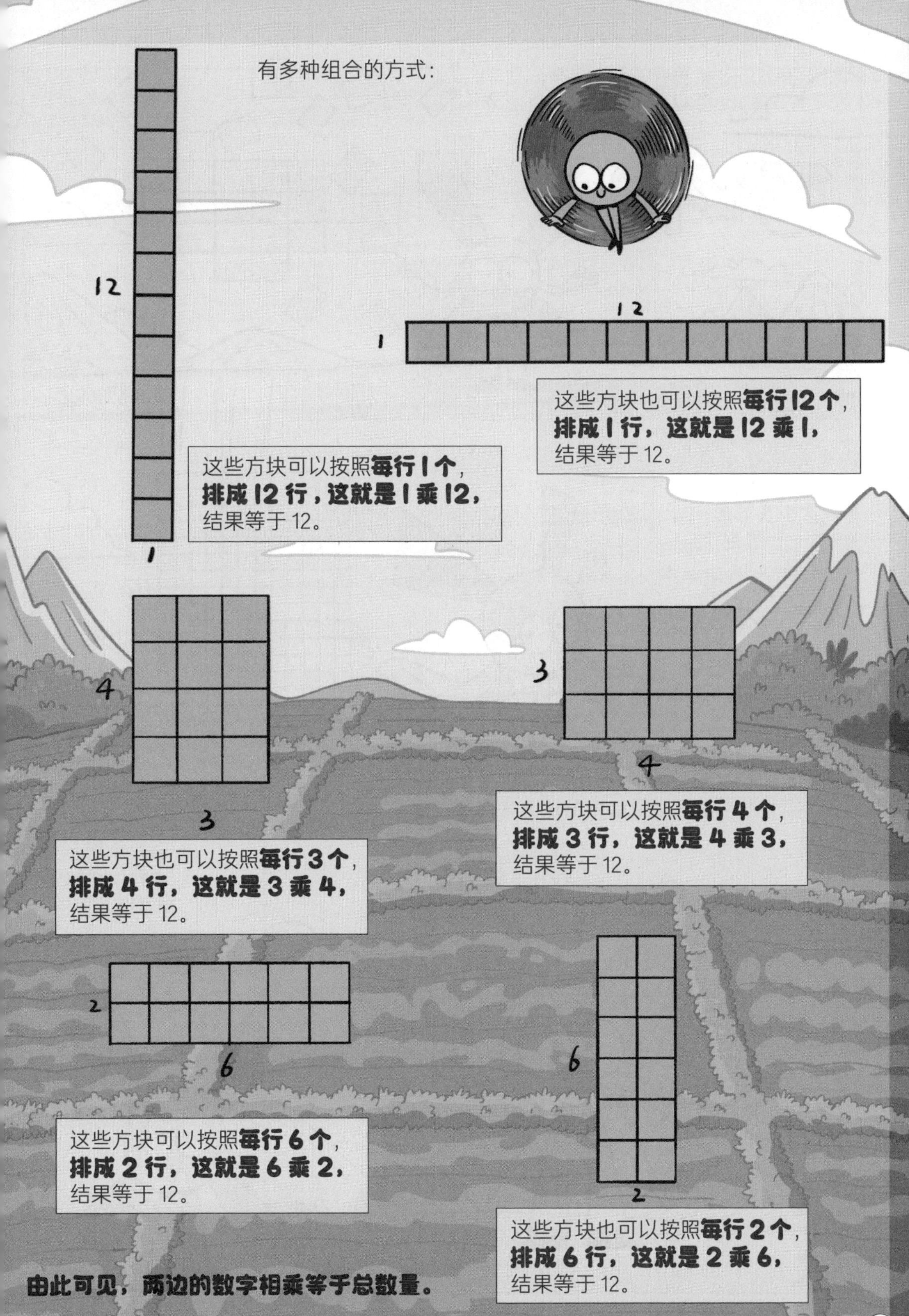
有多种组合的方式：
12
1
这些方块可以按照**每行1个，排成12行，这就是1乘12，**结果等于12。
12
1
这些方块也可以按照**每行12个，排成1行，这就是12乘1，**结果等于12。
4
3
这些方块也可以按照**每行3个，排成4行，这就是3乘4，**结果等于12。
3
4
这些方块可以按照**每行4个，排成3行，这就是4乘3，**结果等于12。
2
6
这些方块可以按照**每行6个，排成2行，这就是6乘2，**结果等于12。
6
2
这些方块也可以按照**每行2个，排成6行，这就是2乘6，**结果等于12。
由此可见，两边的数字相乘等于总数量。

根据刚刚的规律，我们可以把乘法算式都看作是方块的组合。
15×12
这些方块在组合后形成了更大的长方形，这个长方形一边是15，一边是12。
15
12
我们把这个图形分成两块。
10
15
2
15
这两个图形可以列出什么算式呢？

10
2
15
15
15×10
15×10=150
15×2
15×2=30
150+30=180
数一数每条边上方块的数目，可以得到两个算式分别是15乘10和15乘2。
15×10
15×2
相较于总的算式，分解开的这两个乘法算式更加简单……
把它们算出来之后，再依次相加，就可以得到最终的结果啦！
一个数乘几个数的和与这个数分别乘这几个数，再把乘积相加所得的结果是一样的，这叫作分配律。
分配律
15×(10+2)=15×10+15×2

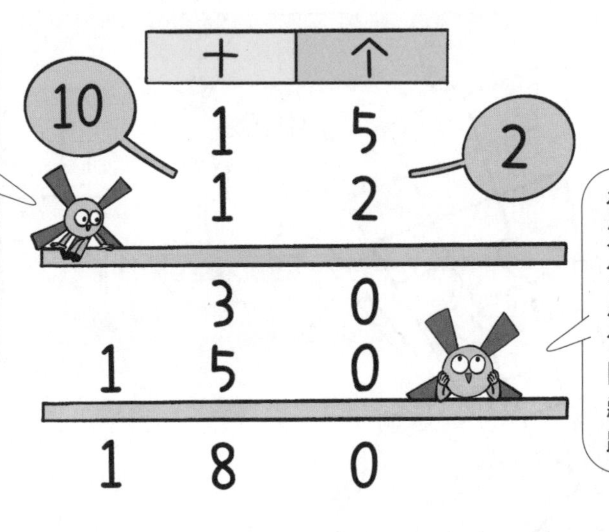
我们也可以用列竖式的方法来计算。
在计算时，第二行每个数位的数字要分别跟第一行的数字相乘，得到的乘积对应相应的数位来放，然后将各个乘积相加。
十
个
10
2
1 5
1 2
3 0
1 5 0
1 8 0
在竖式中，我们将第二行的数字12分为2和10，正是我们刚刚用图形分出来的数字！在图形和竖式背后，藏着一个相同的思路——拆分！

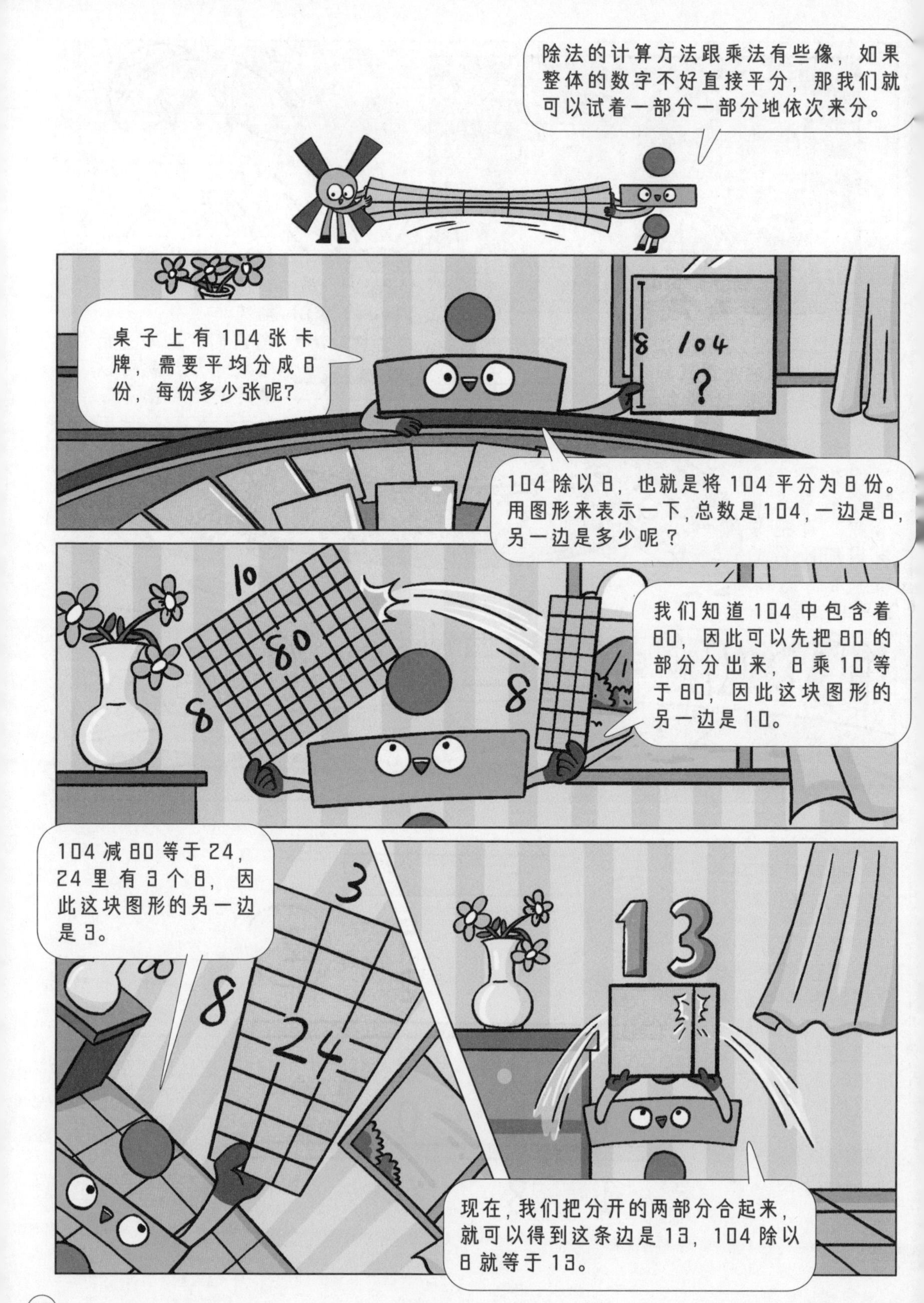

除法的计算方法跟乘法有些像，如果整体的数字不好直接平分，那我们就可以试着一部分一部分地依次来分。
桌子上有104张卡牌，需要平均分成8份，每份多少张呢？
8
104
?
104除以8，也就是将104平分为8份。用图形来表示一下，总数是104，一边是8，另一边是多少呢？
10
80
8
8
我们知道104中包含着80，因此可以先把80的部分分出来，8乘10等于80，因此这块图形的另一边是10。
104减80等于24，24里有3个8，因此这块图形的另一边是3。
3
8
24
13
现在，我们把分开的两部分合起来，就可以得到这条边是13，104除以8就等于13。

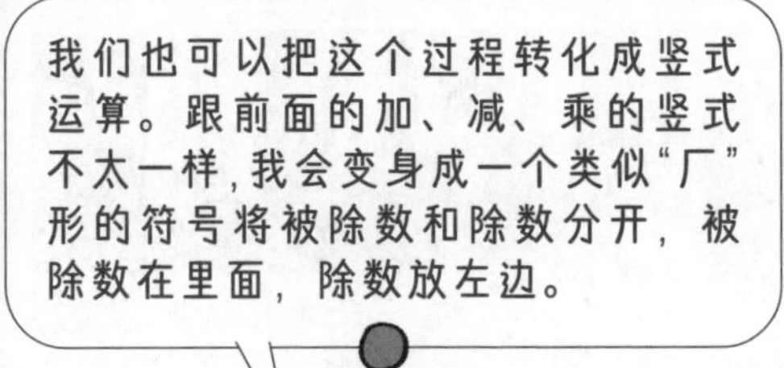

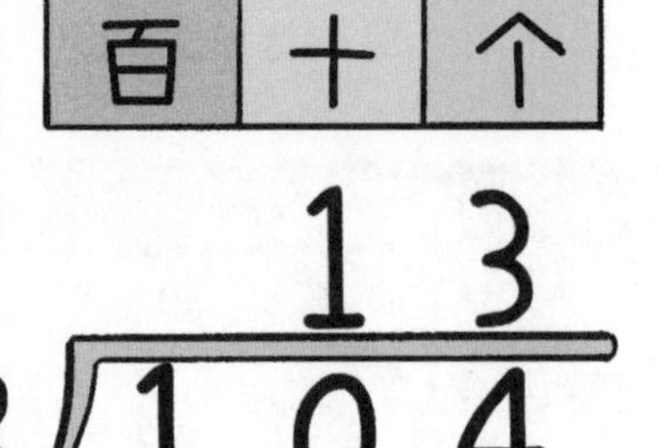

13

8)104

8 ……（1×8）

24

24 …（3×8）

0

百位上的 1 不能整除 8，
百位和十位上的 10 除以 8 等于 1 余 2。

十位剩余的 2 和个位的 4 合起来是 24，
24 除以 8 等于 3。

数与形的相遇

现在，让我们再次回到广阔的土地之间……
这块田地长10米，宽8米，那么这块土地有多大呢？
8
10
一块土地周围一圈边的总长度是它的周长。这块地四边长分别为10、8、10和8，求和得到周长是36米。
因为对边的长度相等，我们还可以用长加宽的数量和乘2来求周长。
10
8
长方形周长=（长+宽）x2
1米
1平方米
一块土地表面的大小是它的面积。
我们划出来一块长和宽都是1米的土地，这块土地的面积就是1平方米。
平方米是一个面积单位。
这块田地由80个这样的方块组成，因此它的面积是80平方米，刚好是长乘宽的数值。
由此，我们得到长方形的面积等于长乘宽。
1
长方形的面积=长×宽=10×8

反过来，知道了长方形的面积和一条边的长度，另一条边的长度就等于面积除以边长。
5米
20平方米
宽=面积÷长=20÷5=4(米)
数形结合
图形中包含着数量，而数量运算也可以用图形来表示，这就是奇妙的“数形结合”，数形结合是一种非常重要的数学方法！
数学真是太奇妙了！除了计算面积和边长，我们在生活中还可以有很多运用……

运算的用武之地（二）

小孩每天上 6 节课，一周 5 天，总共要上多少节课？

爸爸一周工作 5 天，共 45 个小时，平均每天工作几小时？

我们还是用线段将数量关系表示出来。一截线段是一天的数量，五截线段就是五天的总量。已知每份的数量和重复的次数，**求总体的数量，要做乘法。**

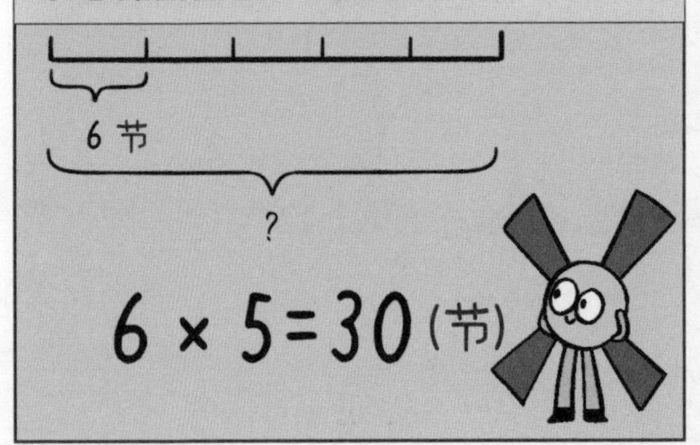

已知总体的数量和分配的份数，**求每份的数量，要做除法。**

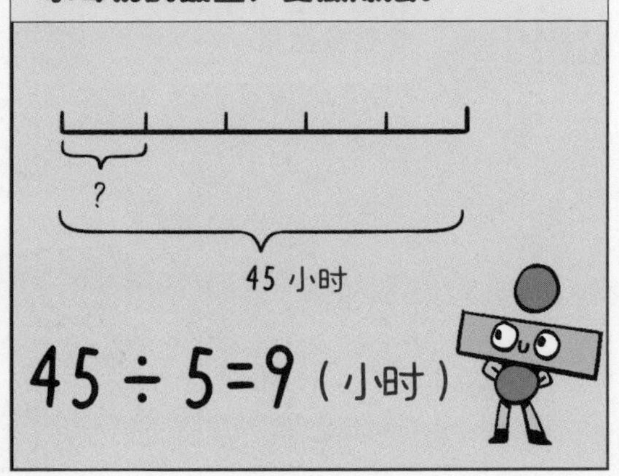

看起来相似的两句话，实际上呢？
当已知量是倍数和单倍的数量，
求成倍的数量时，需要做乘法。

柳树

24 棵

杨树

?

24 × 2=48（棵）

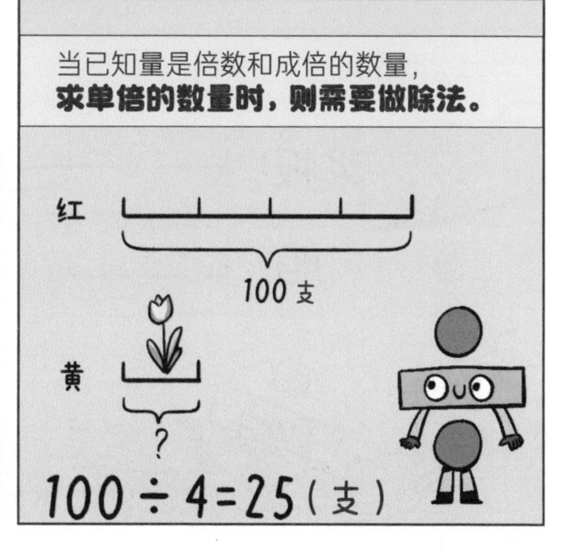

来到湖边，数了数，湖中水面上的桨板比船多8只，桨板的数量是船的数量的3倍，那么水面上有多少船呢？
桨板：
船：
现在，我们已知倍数，但单倍（船）和成倍（桨板）的数量都不知道，该怎么办呢？
还是先用线段把数量关系画出来吧！
虽然不知道单倍和成倍的数量，但我们可以知道两者差值的数量和差值对应的倍数，因而同样可以得出单倍的数量。
桨板：
船：
8只
8÷2=4（只）
单倍的数量就是船的数量，哇，算出来了！

这里有一些鸭子和鹅在戏水，总共有18只，鸭子的数量是鹅的数量的5倍，那么水面上有多少只鸭子呢？
相同的办法，我们先把数量关系画出来。虽然不知道单倍和成倍的数量，但我们可以知道总和的数量和总和对应的倍数，因而同样可以得出单倍数量也就是鹅的数量。
鸭子：
鹅：
18只
18÷6=3（只）
知道单倍数量之后，再乘倍数，就可以知道成倍的鸭子的数量啦！
3×5=15
妈妈出门买回苹果和橙子总共28个，其中苹果是橙子的3倍，苹果总共有多少个呢？

不断“变身”的运算
相比于图示和算式，用文字描述的数量关系和数学问题听起来太复杂了！
但是，在人类历史的多数时间里，这才是最主要的方式。
在现存的古埃及和古巴比伦的文献中，数学问题完全都是用语言来描述的。
修辞语言在希腊数学中也占据着统治性的地位。公元500年左右编写的《希腊诗集》里，包含了46个听起来很绕的问题……
德摩卡莱斯人生中有1/4时间是个小男孩，1/5时间是个青年，1/3时间是个成年男子，最后13年是个老糊涂。他活了多大年纪？
这是诗？还是数学题？

中国古代的算术也取得了很高的成就，历史上先后出现了多本有影响力的数学著作，被称为“算经十书”。
九章算术
这其中最有名的是《九章算术》，这本书在秦汉年间经过多次修订最终成书，是古人学习数学的教科书，被称为“算经之首”。
《九章算术》分为方田、粟米、衰分、少广、商功、均输、盈不足、方程和勾股共九个章节，其中的数学问题都来源于生活并用文字来描述。
“方田”讲的是田地面积的计算等问题。
“粟米”讲的是各种粮食的比例交换和与拿钱买东西有关的内容。
“均输”讲的是怎么按照人口、路途远近等条件来安排赋税和分派工程等问题。

直到15世纪，人们才逐渐开始用简明的符号和算式来表达数学问题，这是一个重大的进步。此后，运算就可以摆脱具体问题而独立存在了，而我们就是从那时陆续出生的。

x
y
z
在运算中，人们不仅引入了运算符号和等号，还引入了字母，作为未知数出现在等式中，这就构成了现代的方程。

敢把未知数写进算式，是因为人们有求出它们的智慧和勇气。

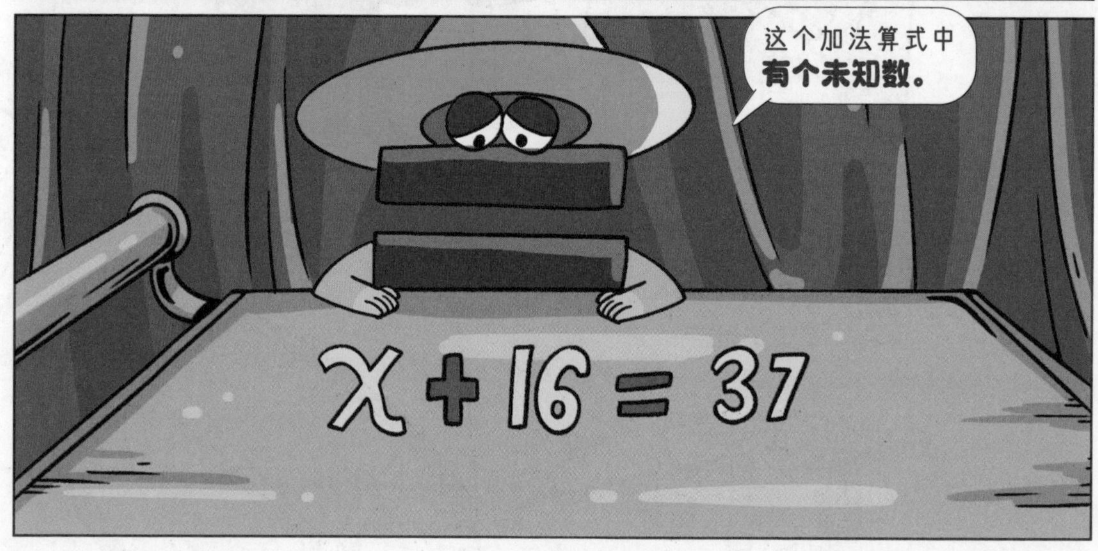
这个加法算式中**有个未知数。**
x + 16 = 37

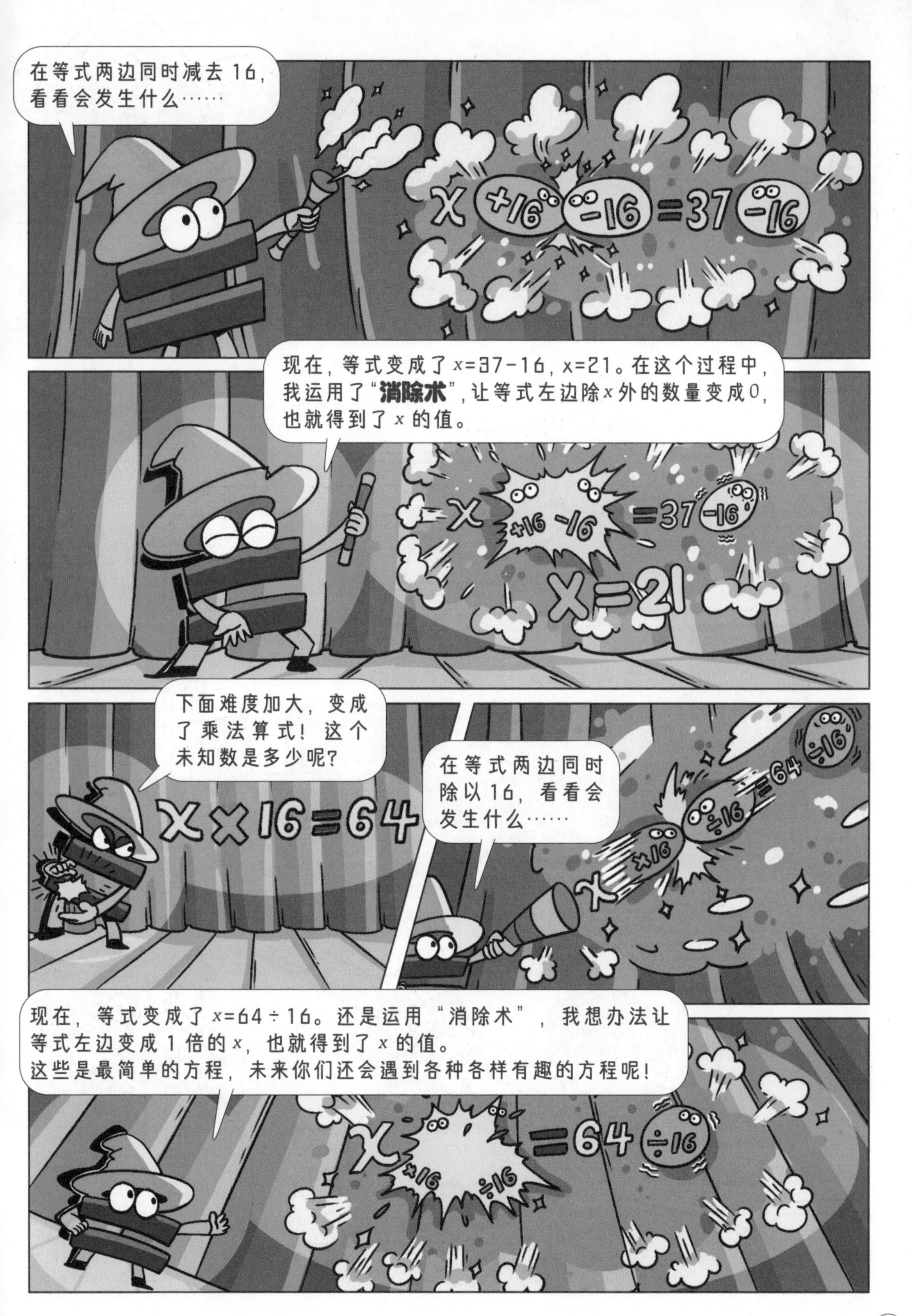

在等式两边同时减去16，
看看会发生什么……
x+16-16=37-16
现在，等式变成了x=37-16，x=21。在这个过程中，
我运用了"消除术"，让等式左边除x外的数量变成0，
也就得到了x的值。
x+16-16=37-16
x=21
下面难度加大，变成
了乘法算式！这个
未知数是多少呢？
x×16=64
在等式两边同时
除以16，看看会
发生什么……
x×16÷16=64÷16
现在，等式变成了x=64÷16。还是运用"消除术"，我想办法让
等式左边变成1倍的x，也就得到了x的值。
这些是最简单的方程，未来你们还会遇到各种各样有趣的方程呢！
x×16÷16=64÷16

运算可以走多远
还远远没
结束呢!
算式和方程都有了,
运算的漫漫长路也该……
人们根据运算过程中所应遵循的规律和顺序设计出了相应的解题步骤，这就是算法。
要解决一个问题，常常会有不止一种算法，比如著名的高斯求和公式……
这个我知道！在数学家高斯小时候，老师曾经给他们出了一道题：求出从 1 开始，1 加 2 加 3，一直加到 100 的结果。
1+2+3+4+5+ ……+96+97+98+99+100=?
原本以为这道题会难住同学们，但没过多久高斯就举手了并说出了正确的答案！

大多数同学们是这样算的，100个数依次计算，要列99个式子，自然要花费很长很长的时间。
1+2=3
3+3=6
6+4=10
10+5=15
…… …… …… ……
但高斯却发现了这组数的规律：两两相加的和是一样的，而总共可以组成100除以2，也就是50个这样的式子。所以这100个数相加的结果就可以这样来计算……
1+100=101
2+99=101
3+98=101
50+51=101
101×50=5050
这两个人的计算过程就运用了两种不同的算法！显然高斯的这种方法高效又不易出错，因此是更优的算法！
生活中，人们设计出了多种多样的算法……

后来，算法的思想被应用到计算机的设计里。
1922年，英国数学家、发明家巴贝奇设计了差分机，这个机器通过齿轮间的啮合、旋转、平移等方式进行数字运算。
3210
3210
3210
3210
3210
让机械工具来代替大脑进行运算，这是因为我将所有的运算过程都转化为了确定的运算程序，在输入运算指令后，机器就可以按照程序来运转了！

在机械计算机之后，聪明的人们又发明了电子计算机，电子计算机采用二进制的数据存储形式和简洁的程序语言。
现在，计算机的运算速度越来越快，可以解决的问题也越来越多，已经成为我们生活中的重要组成部分。
未来，计算机还会变得更高效、更智能，而无论计算机发展成怎样的模样，它背后的原理却一直是清晰简明的数学规则。
这就是运算的力量！

第15页

你来算一算，

56 加上 19 等于多少？ 56 减去 19 等于多少？

56+19=75 56−19=37

第21页

小欢体重 65 千克，小欢的体重比小胖多 8 千克，
小胖的体重是多少呢？

小欢的体重数值比小胖大，已知大的一方和两者的差值，需要做减法。

小胖的体重：65−8=57（千克）

第31页

你来算一算，

25 乘以 16 等于多少？ 92 除以 4 等于多少？

25×16=400 92÷4=23

第37页

妈妈出门买回苹果和橙子总共 28 个，
其中苹果是橙子的 3 倍，苹果总共有多少个呢？

苹果和橙子的总和是 28，总和对应的倍数是 3 加 1 等于 4。

所以单倍（也就是橙子）的量是 28÷4=7（个）

苹果的量就是 7×3=21（个）

米莱童书 | 米莱童书 点亮孩子的未来

米莱童书是由国内多位资深童书编辑、插画家组成的原创童书研发平台。旗下作品曾获得 2019 年度“中国好书”，2019、2020 年度“桂冠童书”等荣誉；创作内容多次入选“原动力”中国原创动漫出版扶持计划。作为中国新闻出版业科技与标准重点实验室（跨领域综合方向）授牌的中国青少年科普内容研发与推广基地，米莱童书一贯致力于对传统童书进行内容与形式的升级迭代，开发一流原创童书作品，适应当代中国家庭更高的阅读与学习需求。

策 划 人： 刘润东　张秀婷

原创编辑： 窦文菲

知识脚本作者： 于利 北京市海淀区北京理工大学附属小学数学老师，34 年小学数学教学经验，海淀区优秀“四有”教师。

漫画绘制： Studio Yufo

专业审稿： 苑青 北京市西城区育才小学数学老师，32 年小学数学教学经验，多次被评为教育系统优秀教师。

装帧设计： 张立佳　刘雅宁　刘浩男

封面插画： 孙愚火

图书在版编目（CIP）数据

这就是数学. 数的运算 / 米莱童书著绘. -- 北京：北京理工大学出版社, 2023.3（2025.4重印）

ISBN 978-7-5763-2026-8

Ⅰ. ①这… Ⅱ. ①米… Ⅲ. ①数学–儿童读物 Ⅳ. ①O1-49

中国国家版本馆CIP数据核字(2023)第000553号

责任编辑：陈莉华　吴　博　　文案编辑：陈莉华

责任校对：刘亚男　　责任印制：王美丽

出版发行 / 北京理工大学出版社有限责任公司

社　　址 / 北京市丰台区四合庄路6号

邮　　编 / 100070

电　　话 / (010)82563891(童书售后服务热线)

网　　址 / http://www. bitpress. com. cn

版 印 次 / 2025年4月第1版第10次印刷

印　　刷 / 朗翔印刷（天津）有限公司

开　　本 / 710 mm x1000 mm　1/16

印　　张 / 3

字　　数 / 70千字

定　　价 / 200.00元（全8册）

THAT'S MATH

No.6

这就是数学

概率与统计

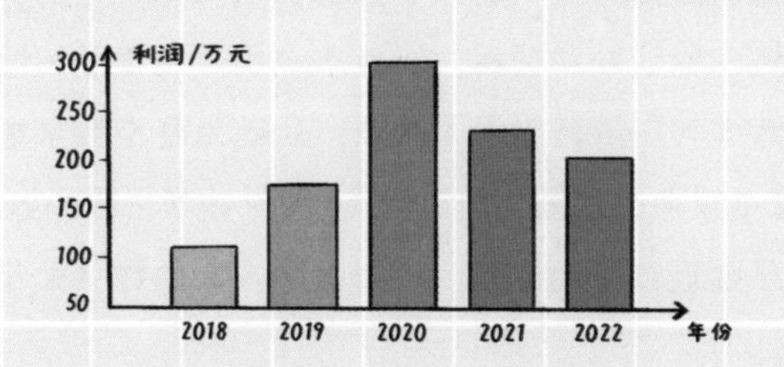

米莱童书 著/绘

北京理工大学出版社
BEIJING INSTITUTE OF TECHNOLOGY PRESS

作为“人类智慧皇冠上最灿烂的明珠”，数学是一门非常重要的学科。从远古时期的结绳记数、累加计算到现在的大数据和云计算，从稳定的勾股定理、和谐的黄金比例到奇特的分形，从维持基本生存、逐步开发地球到探索广袤宇宙，数学出现在人类认识和改造世界的方方面面，与生活息息相关，并与前沿科学和高新科技不断携手向前。数学是每一位小朋友从背上书包进入学校起就会接触的科目，会伴随他们的整个童年和少年时光。

“良好的开始是成功的一半”，在刚刚接触数学时，建立起对基础概念的科学认识，培养起数学学习的兴趣，是非常关键的一环。《这就是数学》就是一套意趣盎然的数学学科漫画图书，聚焦于数量与数字、计量单位、几何图形、数的运算等核心的数学主题，从对日常生活的观察和感知入手，强化对基础概念的认知和理解，一点点地引导小读者把握数学思维的规律和方法，克服数学入门阶段的学习难点，从而为整个数学学习的历程打下坚实的基础。这套书采用了漫画的讲述形式，每个数学主题的拟人化角色都鲜活生动，选取的例子贴近孩子的生活，还融入了丰富的数学文化与前沿应用，读起来很有意思。

数学来自生活，我们的数学教育也不应该脱离生活。当孩子发现：花朵会盛开 3 瓣、5 瓣或 8 瓣是有数学规律的；蜜蜂会给自己搭建正六边形的房子是有数学原因的；在自己跟父母讨价还价中其实会动用数学的思维；运用数学的方法不仅可以计算，还可以解释、分析和预测自然、社会，甚至心理上的各种现象……他们就不会再觉得数学冰冷、枯燥了，他们会爱上这个迷人的学科。

愿孩子们能在这套书中感受到数学之美，爱学数学，学好数学。

中国科学院院士、数学家、计算数学专家
郭柏灵

目 录

在不确定性中寻找规律

生活充满了不确定性，就像一盒巧克力，你永远不知道下一颗会是什么味道……
调查问卷
啊啊啊！
我们不能确定接下来一直是晴天。
调查问卷
调查问卷
我们也不能确定这个盆栽的小番茄总共能结出几颗番茄果。
就像身为骰子的我，在落地之前，不会知道自己的哪一面朝上一样。

调查问卷
不过，在不确定性中，人们从未放弃寻找规律的努力。
这个人正在对不同天气下的景象进行观察和记录。
调查问卷

我们按照从右往左的顺序来看看这份记录。
初一 晴 燕子低飞
初二 阴
初三 雨
初四 阴
初五 阴
初六 晴
初七 雨
初八 阴 燕子低飞
初九 阴 燕子低飞
初十 雨
十一 雨
十二 雨
十三 晴 燕子低飞
十四 阴
十五 雨
从记录中可以发现，在下雨前，常常有燕子低飞的情况出现。由此，人们总结出“燕子低飞要下雨”的谚语。

调查问卷
此外，还有很多我们熟悉的天气谚语，都是古人在日常生活中通过观察、记录、总结得到的。
燕子低飞要下雨。蜻蜓飞得低，出门带蓑衣。月晕而风，日晕而雨。朝霞不出门，晚霞行千里。
“朝霞不出门，晚霞行千里”，明天会是个好天气！
调查问卷
那么，是不是有了谚语就可以确定天气情况了呢？
昨天傍晚明明是满天晚霞，今天竟然下雨了！
一件事情的发生可能会受到很多因素的影响，谚语预测的只是很可能发生的事情，并不是一定发生的事情。

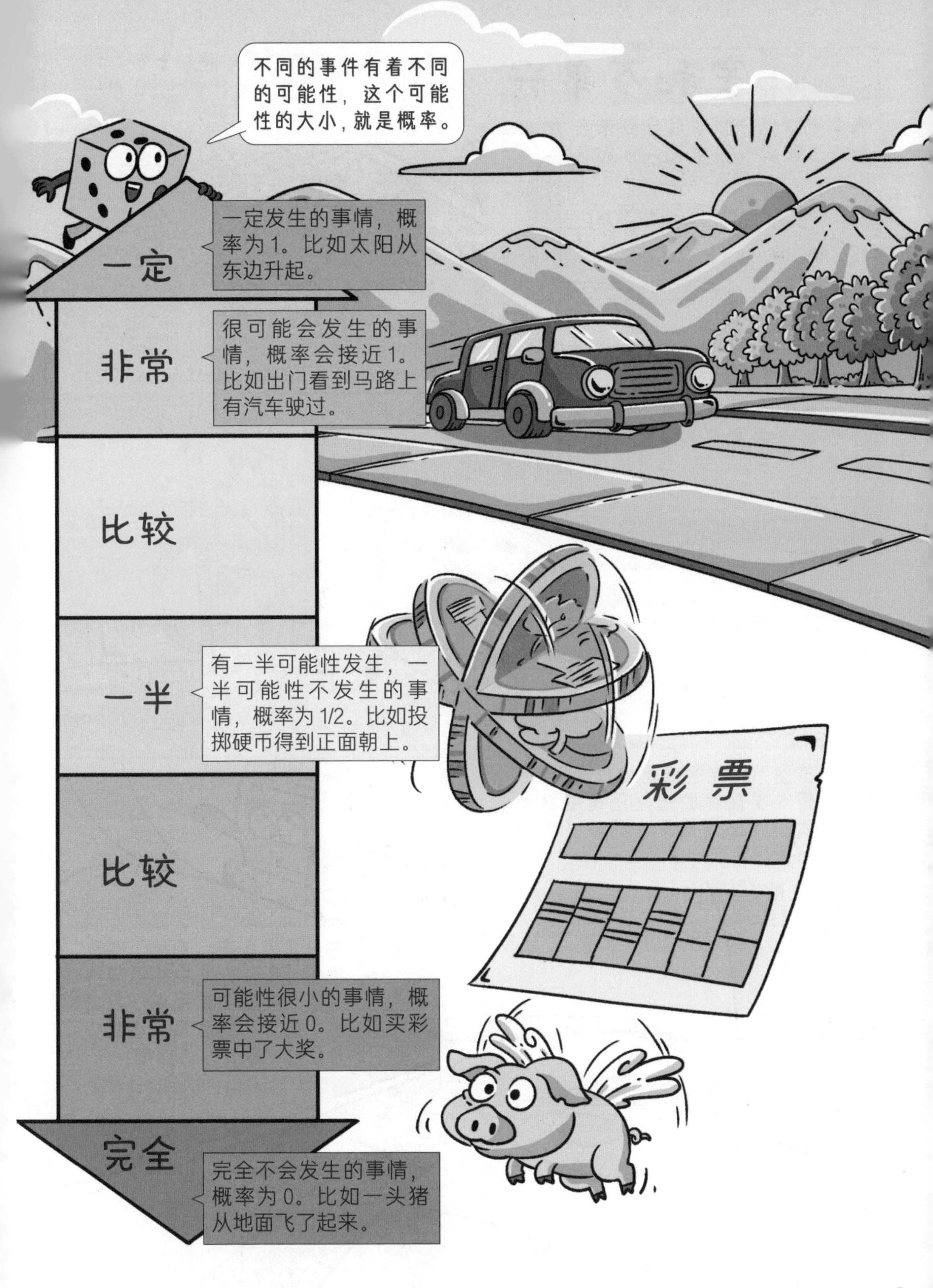

不同的事件有着不同的可能性，这个可能性的大小，就是概率。
一定
一定发生的事情，概率为1。比如太阳从东边升起。
非常
很可能会发生的事情，概率会接近1。比如出门看到马路上有汽车驶过。
比较
一半
有一半可能性发生，一半可能性不发生的事情，概率为1/2。比如投掷硬币得到正面朝上。
彩票
比较
非常
可能性很小的事情，概率会接近0。比如买彩票中了大奖。
完全
完全不会发生的事情，概率为0。比如一头猪从地面飞了起来。

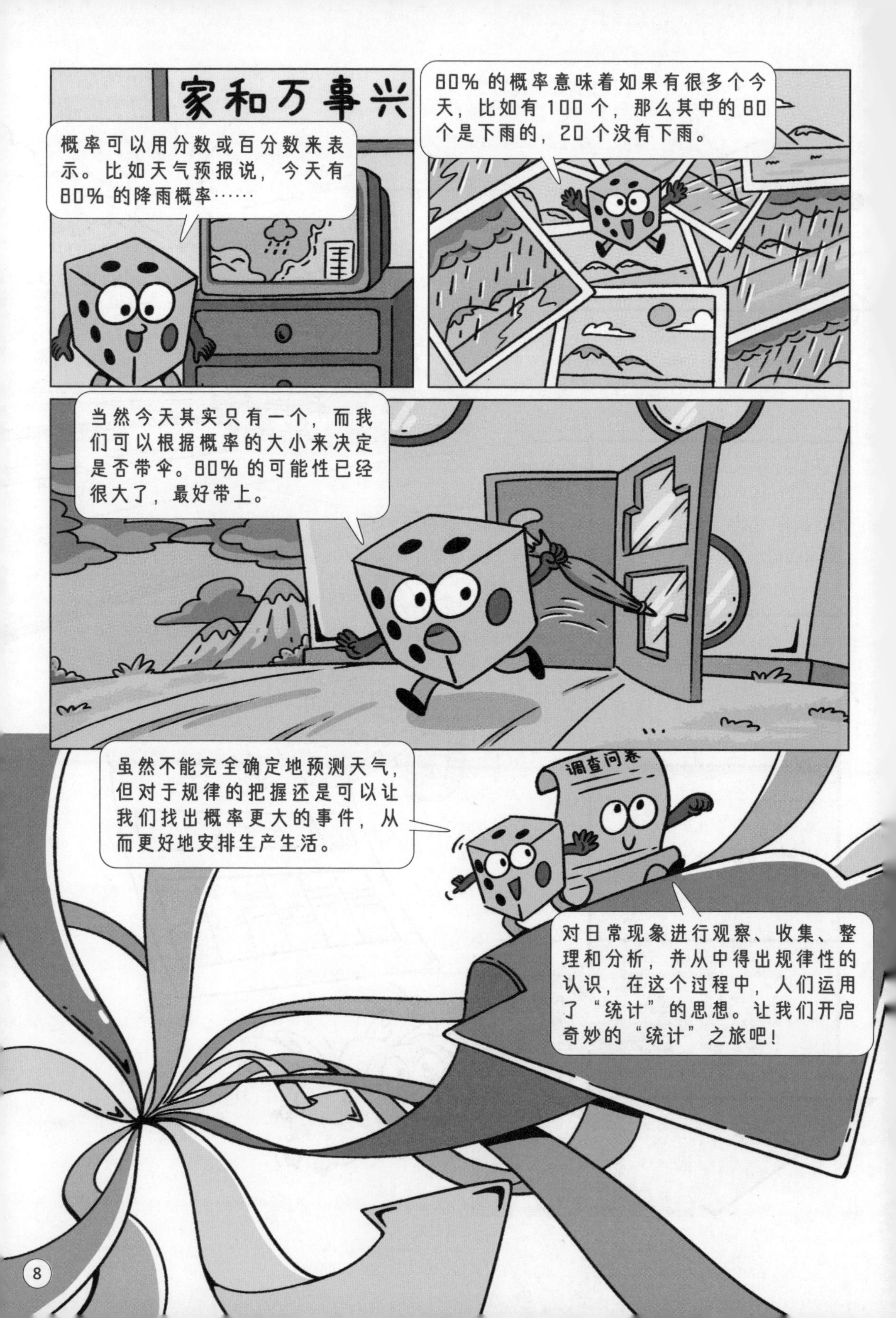
家和万事兴
概率可以用分数或百分数来表示。比如天气预报说，今天有80% 的降雨概率……
80% 的概率意味着如果有很多个今天，比如有 100 个，那么其中的 80 个是下雨的，20 个没有下雨。
当然今天其实只有一个，而我们可以根据概率的大小来决定是否带伞。80% 的可能性已经很大了，最好带上。
虽然不能完全确定地预测天气，但对于规律的把握还是可以让我们找出概率更大的事件，从而更好地安排生产生活。
调查问卷
对日常现象进行观察、收集、整理和分析，并从中得出规律性的认识，在这个过程中，人们运用了“统计”的思想。让我们开启奇妙的“统计”之旅吧！

神奇的“数据浓缩术”

加油！
加油！
哪一队会赢呢？让我来推测一下……
加油！
拔河比赛是一种运动项目，跟统计没关系，你就别凑热闹了。
统计跟生活息息相关，肯定有关系，看我的吧！
调查问卷
这是刚刚拔河比赛上两队队员的体重情况。
每个人都不一样，能看出来什么啊！
30 34 31 29 43 39 33 35 28 37
31 33 36 38 29 25 35 27 40 32

如果分散地来看，确实很难看出什么，但我们可以对数据进行加工处理……
调查问卷
唰！
34 28 31 25 27 31 36 40 3 25 27
首先，我们把两队的体重值都按照从小到大的顺序来排一下。
在一组数据中，最大的数和最小的数分别叫极大值和极小值，两者的差值反映了这组数据的范围，叫作极差。
28 29 30 31 33 34 35 37 39 43
极差
25 27 29 31 32 33 35 36 38 40
极小值
极大值
如果从两队的数据中各自选择一个来当“代表”，选择哪个数据合适呢？
我怎么知道哪个最合适？要不我翻个跟头来决定吧！

28
29
30
31
33
34
35
37
39
43
25
27
29
31
32
33
35
36
38
40
怎么能这么随意！
调查问卷
最能概括一组数据“中间”值的，是平均数。
平均数
平均数是一组数据中所有数据之和除以数据的总个数。
比如，这三棵绿植的高度分别是25厘米、32厘米和21厘米，那么它们的平均高度就是——26厘米！
调查问卷
25
32
21
(25 + 32 +21)÷3=26

(28+29+30+31+33+34+35+37+39+43)÷10=33.9
(25+27+29+31+32+33+35+36+38+40)÷10=32.6
调查问卷
根据平均数的计算方法，我们可以得出这两个队的平均体重分别是33.9千克和32.6千克。
现在，你来推测一下，获胜的是哪队？
我觉得平均体重大的红队更容易获胜……
调查问卷
哇，确实是他们赢了！
调查问卷
拔河这个项目比拼的是力气，通常体重大的人身体更强壮，力气也会更大，所以平均体重大的队更可能取胜。统计分析帮我们做出了正确的预测！

心灵的温馨港湾
就像标题是对文章的集中概括一样，平均值是对整体数据的集中概括，可以让我们一下了解一组数据的整体情况。
调查问卷
平均数虽然只是一个数，但来源于所有的数据，是对数据的浓缩，因此很有代表性。
平均体重值
28
29
30
34
29
33
31
35
37
说到浓缩我就明白了，之前只知道果汁可以做成浓缩果汁，饼干可以做成压缩饼干，但没想到，数据也可以浓缩！
调查问卷

平均数家族

平均数通常可以作为一组数据的代表，但难免也有意外情况。
调查问卷
我们来看看这组数据，这是我统计的一个街道里每户人家养猫的数量……
调查问卷
算出来的平均数是2.5。
2.5
(0+1+1+2+2+9)÷6=2.5
调查问卷
实际情况是六户人家中只有一户养猫的数量超过了2.5，其余五家都比2.5小，2.5并不能代表这条街道的养猫情况！
怎么会这样？
因为数据中碰到了一个远大于其他数值的“极端值”！
在做浓缩果汁时，如果碰到一个坏果子，整锅的果汁味道都会受影响。在求平均数时，如果碰上“极端值”，也会对平均数的值带来较大影响。

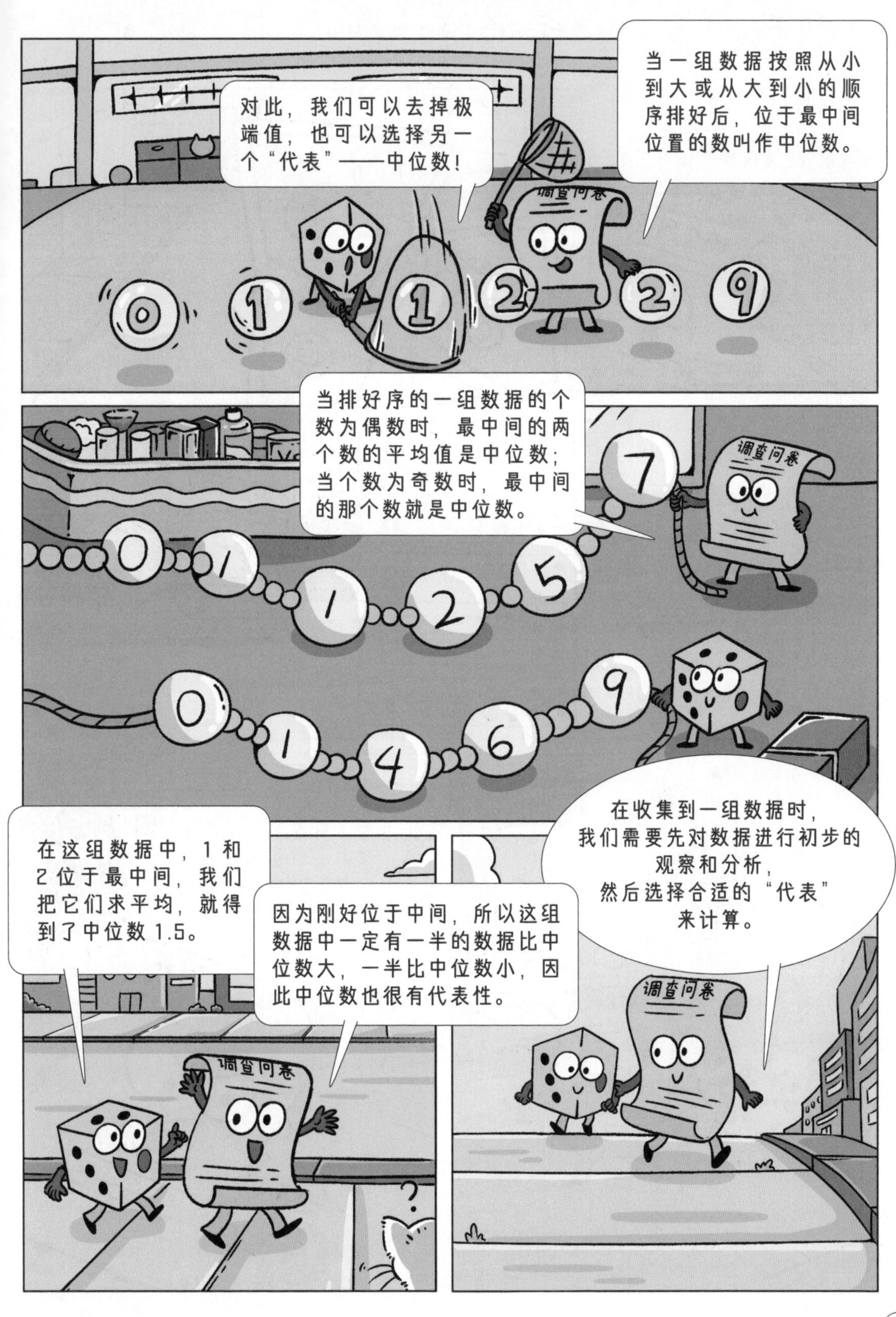
对此，我们可以去掉极端值，也可以选择另一个“代表”——中位数！
当一组数据按照从小到大或从大到小的顺序排好后，位于最中间位置的数叫作中位数。
调查问卷
0 1 1 2 2 9
当排好序的一组数据的个数为偶数时，最中间的两个数的平均值是中位数；当个数为奇数时，最中间的那个数就是中位数。
0 1 1 2 5 7
0 1 4 6 9
在这组数据中，1 和 2 位于最中间，我们把它们求平均，就得到了中位数 1.5。
因为刚好位于中间，所以这组数据中一定有一半的数据比中位数大，一半比中位数小，因此中位数也很有代表性。
在收集到一组数据时，我们需要先对数据进行初步的观察和分析，然后选择合适的“代表”来计算。

让数据图像化：条形统计图

我们来帮忙啦！
调查问卷
调查问卷
调查问卷
一点小事，咱们两个不行吗，何必这么声势浩大。
调查问卷
出现在一个地方的人数跟时间关系很大，如果我们两个依次去这四个地方，时间不一样，怎么相互比较呢？统计可是一门严谨的科学。
各就位，调查统计行动开始！
调查问卷
调查问卷
收到！
调查问卷

时间到，现在行动
结束，准备收工！
我们来看一下
统计结果。
调查问卷
A:15
正正正
调查问卷
B:32
正正正正正正丅
调查问卷
C:36
正正正正正正
正一
调查问卷
D:21
正正正正一
地点 A B C D
人数 15 32 36 21
数一数，可以得
到相应的人数。
用表格来进行数据统计，
这样就清楚多啦！
还可以更加
清晰！

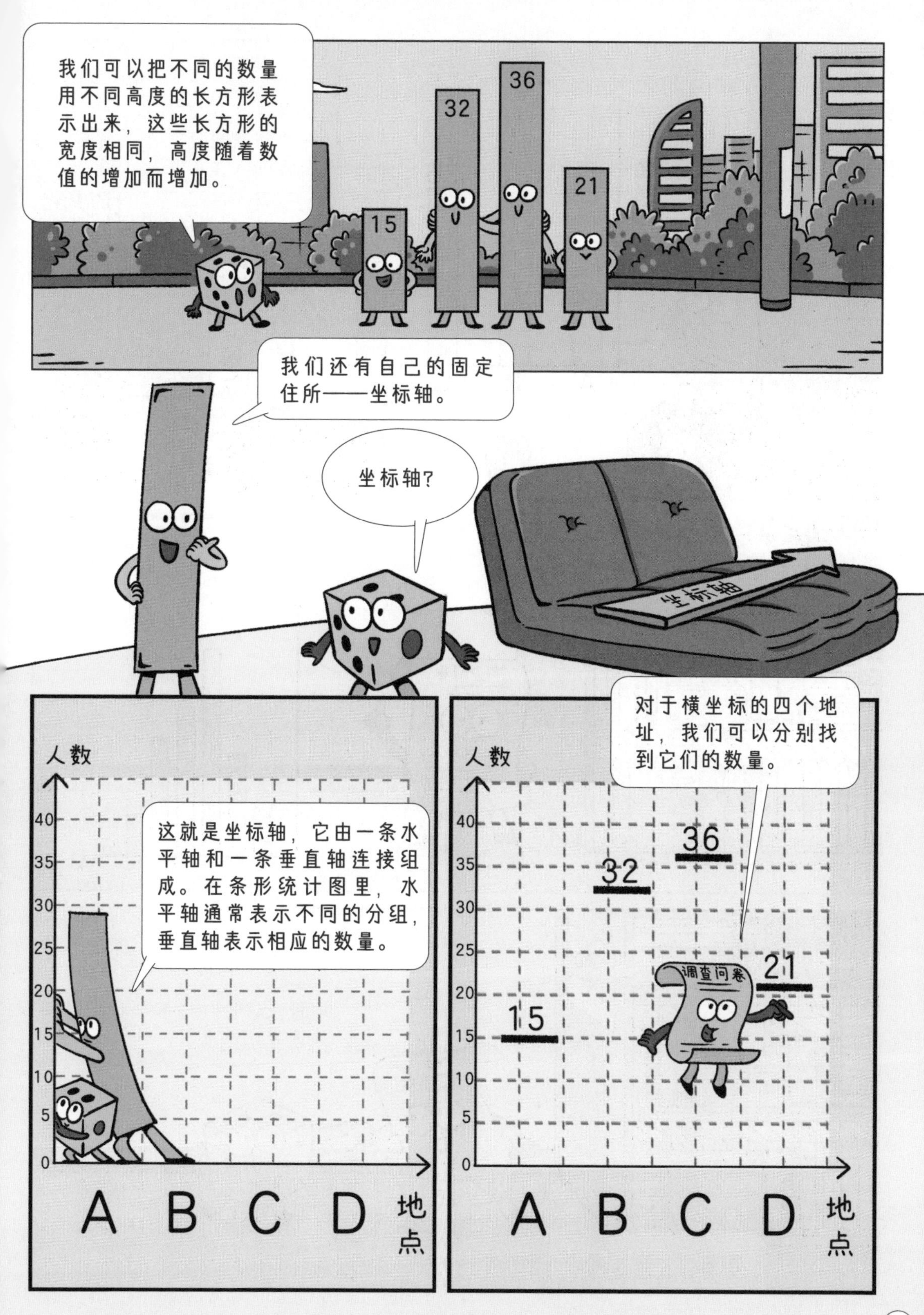
我们可以把不同的数量用不同高度的长方形表示出来，这些长方形的宽度相同，高度随着数值的增加而增加。
15
32
36
21
我们还有自己的固定住所——坐标轴。
坐标轴？
坐标轴
人数
40
35
30
25
20
15
10
5
0
这就是坐标轴，它由一条水平轴和一条垂直轴连接组成。在条形统计图里，水平轴通常表示不同的分组，垂直轴表示相应的数量。
A B C D
地点
对于横坐标的四个地址，我们可以分别找到它们的数量。
人数
40
35
30
25
20
15
10
5
0
36
32
21
15
调查问卷
A B C D
地点

条形统计图已经组装完毕。在把数量转化为高度后，数据的分布变得一目了然！
调查问卷
40
35
30
25
20
15
10
5
0
15
32
36
21
A
B
C
D
从人流量上看，C地的人流量最大，B地其次，A、D两地的数量一下小了很多，因此可以优先考虑C地。
在日常生活中，我们会把东西分类整理摆放，在面对数据时，我们也可以将它们分类计数，并用条形统计图表示出来。
调查问卷
调查问卷
地址选好了，接下来该考虑选书了。
你有什么想法吗？

事项	儿童	青少年	中年	老年
人数	12	3	15	6

这可以用条形统
计图表示出来！
16
14
12
10
8
6
4
2
0
12
3
15
6
1
2
3
4
儿童
青少年
中年
老年
我也可以！
圆形？不会是用不同大小的
圆形来表示不同的数量吧？
而我可以分成几部分，
也就是一个个扇形。
15
6
3
12
不用不用，
我一个就够了！
我是一个完整的
圆，表示总体，
也就是总人数。

每个扇形对应一个群体，每个扇形部分的大小（具体是扇形两边之间夹角的大小）可以体现每个群体人数的多少。
15
6
12
3
调查问卷
财经
15
15
6
养生
6
小说
3
3
12
绘本
12
调查问卷
知道了人群的基本构成情况，我们就可以更精确地进行产品定位和选择，而不是仅凭自己的想象来做事。
没错，在实际中我们可以根据需要，选择合适的方式来呈现数据结果。
调查问卷
我发现了，扇形统计图可以表现出部分和整体的占比关系。

让数据图像化：折线统计图

今年有230只白鹭来这里过“暑假”。
调查问卷
鸟儿总是飞来飞去，不会乖乖等你来数，要怎么统计数量啊？

统计动物数量确实是一个有难度的事情。我会先摸清白鹭的栖息地，然后将这些区域划分成一个个计数点。

调查问卷
在计数的时候，要选取固定的时间段。数量少的地方可以一只只数，多的地方可以划分网格来估算数量，估算多次后取平均值。

调查问卷
随着科技的发展，雷达、无人机、卫星跟踪等技术已经应用在候鸟以及其他动物数量的调查研究中，以帮助我们更好地了解身边的动物朋友们。

年份	2013	2014	2015	2016	2017	2018	2019	2020	2021	2022
数量	153	142	98	25	46	139	192	221	224	230

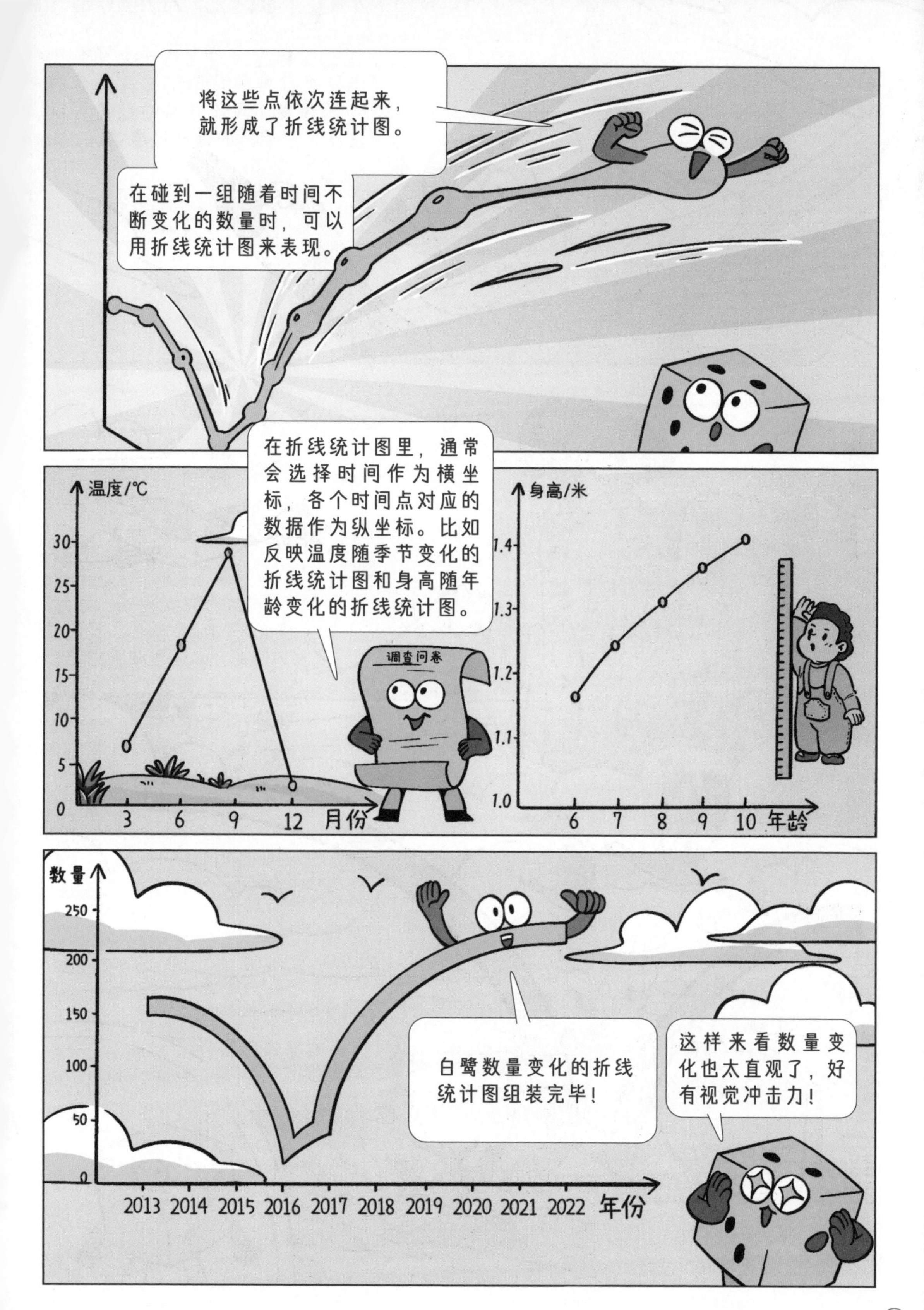
将这些点依次连起来，就形成了折线统计图。
在碰到一组随着时间不断变化的数量时，可以用折线统计图来表现。
温度/℃
30
25
20
15
10
5
0
3
6
9
12
月份
在折线统计图里，通常会选择时间作为横坐标，各个时间点对应的数据作为纵坐标。比如反映温度随季节变化的折线统计图和身高随年龄变化的折线统计图。
调查问卷
身高/米
1.4
1.3
1.2
1.1
1.0
6
7
8
9
10
年龄
数量
250
200
150
100
50
0
2013 2014 2015 2016 2017 2018 2019 2020 2021 2022
年份
白鹭数量变化的折线统计图组装完毕！
这样来看数量变化也太直观了，好有视觉冲击力！

调查问卷
鸟类拥有强大的飞行能力，会快速、主动地为自己选择高质量的生活环境，因此鸟类的数量可以反映一个地区的自然环境状况。
近些年，人们加大了对环境的治理和保护，碧水蓝天重现，鸟儿也就回来了。
早些年，这里的水域被污染，环境很差，因此鸟儿都不来了。
原来数据还可以讲故事！

听数据来讲故事

在日常生活中，我们通常会用文字来讲故事，那么，你知道数字也可用来讲故事吗？欢迎来到数字故事会！
调查问卷
每个人都在制造着数据，而现在的各种智能设备可以帮助我们捕捉并记录下这些数据。
调查问卷
平均步数可以反映整体的运动量。
回顾一周里每日步数的条形统计图，可以看到数据的起伏变化，在这些数据的背后，是不同经历的反映。
5999步/天
调查问卷

心率曲线
在一天里的多数时候，心率会保持相对稳定，但在进行运动或出现强烈情绪变化时，心率会增大。
在这条折线统计图里，可能有“心动”的时刻，也可能会对健康状况进行提醒。
调查问卷

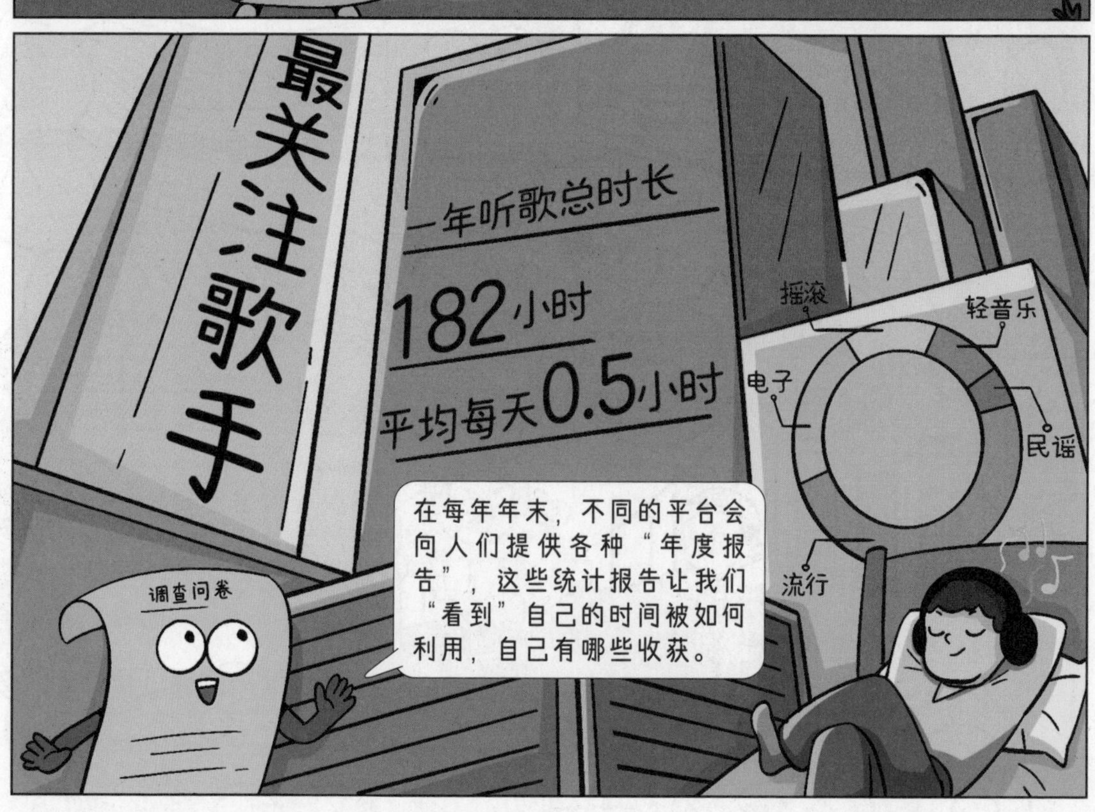
最关注歌手
一年听歌总时长
182小时
平均每天0.5小时
摇滚
轻音乐
电子
民谣
流行
在每年年末，不同的平台会向人们提供各种“年度报告”，这些统计报告让我们“看到”自己的时间被如何利用，自己有哪些收获。
调查问卷

调查问卷
经营一个家庭需要各种花销，怎么知道钱够不够花呢？这就需要记账，也就是记录下每个月的收入和支出。
调查问卷
1-1 发工资 2000
1-2 购物 300
1-3 买菜 100
1-4 买肉 150
1-5 买米 200
过去记账会用账本。
现在可以用电子设备来记录。
交通
医疗
饮食
购物
收入5000元
支出6000元
调查问卷
看看左边的统计图表，这个月的支出主要用在哪些事项上了呢？
调查问卷
这个月怎么花了这么多，你是不是偷偷用钱了？
这是这个月的花销统计，一目了然，你自己看。

某某文具
许多大公司会在每个季度和每个年度发布财务报表，这些图表可以让我们了解公司的运营和发展情况。
调查问卷

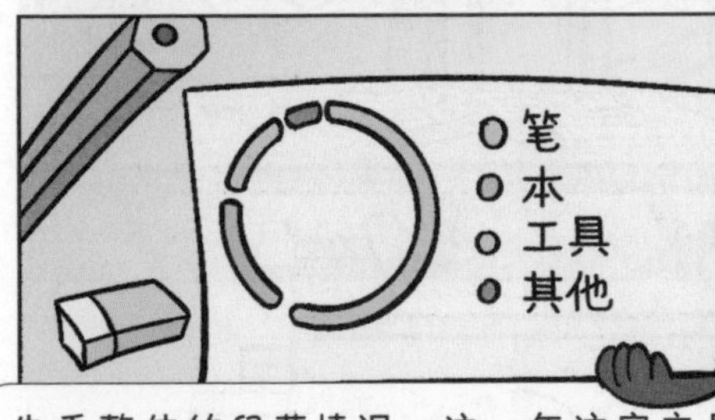
笔
本
工具
其他
调查问卷
中国大陆
全球其他地区
先看整体的经营情况，这一年这家文具公司的业务涵盖了笔、本、工具和其他物品，还包含了中国和海外的业务。

欢迎
调查问卷
看看销售额的情况。过去5年里，销售额一直在增长，看起来公司的发展不错。

但再看利润，却呈下降的趋势，看来经营公司也并不容易啊！
调查问卷

小心“数据陷阱”

同一家公司，当我们关注不同的数据时，竟然得到了完全不同的分析和判断！
这就是通常一个分析报告中会有不止一个数据图表的原因。每个图表就像一块拼图，当一个个拼图组合在一起后，我们便逐渐接近事情的全貌。
调查问卷
而即使是同一组数据，不同的处理方式也可能带来不同的结果呈现。
销售额 / 百万元
200
150
100
50
0
1 2 3 4 季度
这是这家文具公司一年中四个季度销售额的统计，全年的销售情况看起来很稳定。
而当我们把统计分组由季度改为月份时，不同的景象就出现了，不同月份之间的销售数据变化很大！
销售额 / 百万元
125
100
75
50
25
1 2 3 4 5 6 7 8 9 10 11 12 月份
不同的分组方式原来有这么大的影响。

我们继续来看。这是刚刚公司5 年里利润变化的统计图。
利润/万元
500
400
300
200
100
2018
2019
2020
2021
2022
年份
我们调整一下纵坐标的刻度……
300
250
200
150
100
50
利润/万元
2018
2019
2020
2021
2022
年份
变化一下变大了！为了体现数据变化，有时统计图的刻度不是从0 开始而是从一定的数值开始，这也会让统计图看起来不一样。
我们得小心刻度对数据呈现的影响。
调查问卷
统计图表虽然清楚，原来也藏着“陷阱”啊！
所以我们在看统计图的时候要仔细一点，不要走马观花。

文具店
文具店
看了这么多统计数据，现在轮到你来大展身手了！学校附近开了两家文具店，为了吸引同学们购买，其中一家决定发放调查问卷来了解同学们的喜好……
你来文具店之前，会想好要买的东西吗？
A. 会，我是奔着想买的东西来的
B. 不会，我是边逛边想自己需要什么的
如果你现在得到了 20 元奖励用来买文具，你打算买什么？
A. 笔记本
B. 转笔刀
C. 彩色橡皮
D. 组合贴纸
是否会想好 会 不会
人数 38 62
文具 笔记本 转笔刀 彩色橡皮 组合贴纸
人数 14 35 29 22
我们总共收集到 100 位同学填写的问卷，这是问卷统计的结果。
这些数据分别适合用哪种统计图表来呈现呢？请你选择合适的统计图，将数据更直观地呈现出来。
调查问卷
如果你是这家文具店的老板，接下来你打算怎么安排不同的产品呢？

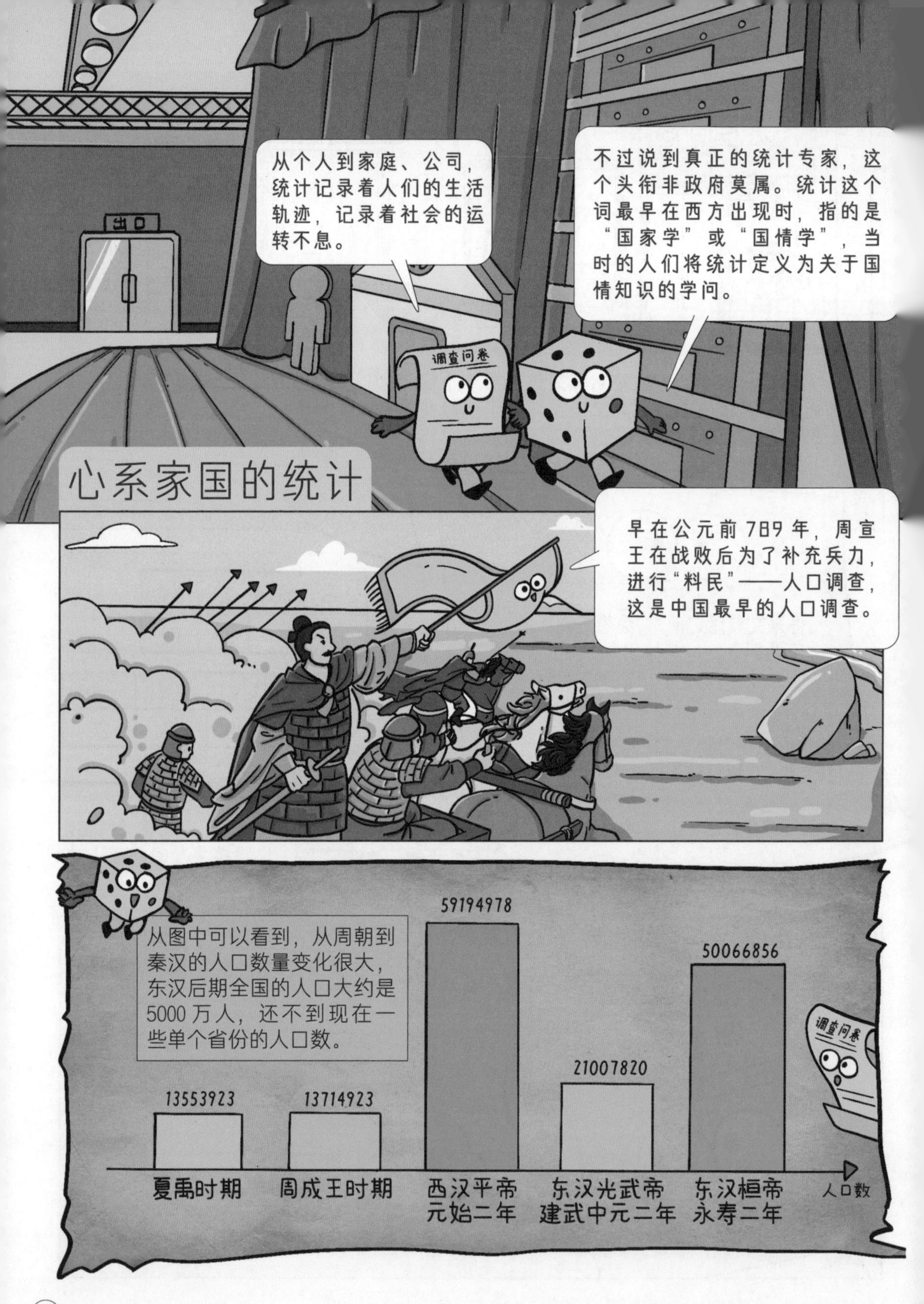
从个人到家庭、公司，统计记录着人们的生活轨迹，记录着社会的运转不息。
不过说到真正的统计专家，这个头衔非政府莫属。统计这个词最早在西方出现时，指的是"国家学"或"国情学"，当时的人们将统计定义为关于国情知识的学问。
调查问卷
心系家国的统计
早在公元前789年，周宣王在战败后为了补充兵力，进行"料民"——人口调查，这是中国最早的人口调查。
从图中可以看到，从周朝到秦汉的人口数量变化很大，东汉后期全国的人口大约是5000万人，还不到现在一些单个省份的人口数。
13553923
13714923
59194978
21007820
50066856
夏禹时期
周成王时期
西汉平帝元始二年
东汉光武帝建武中元二年
东汉桓帝永寿二年
人口数
调查问卷

现在，在地方和国家层面，都设有“统计局”，负责对国家的各方面情况进行调查统计。这些统计不仅和政府决策相关，也和你相关。

人口历来都是受关注的统计数据，这其中，除了人口总量，人口的自然增长率也非常重要。

自然增长率是一年的人口自然增加数（出生人数减去死亡人数）与同期人口总数的比值。

142000
140000
138000
136000
134000
132000
130000

‰
8.0
7.0
6.0
5.0
4.0
3.0
2.0
1.0
0.0
年

全国人口 自然增长率

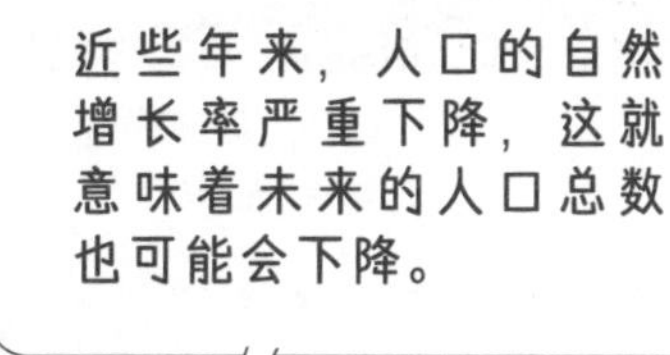

近些年来，人口的自然增长率严重下降，这就意味着未来的人口总数也可能会下降。

人少了好，吃的、用的东西都没人争抢了。

但也没有足够的人手来生产、制作这些东西了。每个人要照顾更多的老人，要做的事情也会更多！

因此，国家大力鼓励生育，越来越多的家庭有了俩孩和仨孩。

每顿饭，都有美味的食物端到桌上等你享用。全国有14亿人口，每天需要多少粮食呢？

全国14亿人口，每天要吃掉的粮食数量约是70万吨！这就意味着，需要有足够的耕地来生产粮食。
调查问卷
过去一些年，随着经济建设和城镇扩张，统计显示耕地面积出现了连年下降的情况，这是一个危险的信号！
调查问卷
耕地面积红线
20
19.5
19
18.5
18
17.5
1996 1997 1998 1999 2000 2001 2002 2003 2004 2005 2006 2007 2008
看到这条红线了嘛，这是国家设定的一条警戒线，我们要守护耕地面积不低于18亿亩，不然将来可能要饿肚子了。
这该怎么办呢？
耕地面积红线
19.5
19
18.5
18
17.5
1996 1997 1998 1999 2000 2001 2002 2003 2004 2005 2006 2007 2008
调查问卷

十几……亿！这么大的数据都是怎么统计出来的啊？
调查问卷
CCTV
第七次人口普查
第三次农业普查
这……确实很难。中华人民共和国成立以来到现在，我国总共进行过7次人口普查和3次农业普查，每一次都需要投入很大的人力物力。
调查问卷
不过倒是很有必要。
除了普查，很多时候我们会选择进行抽样调查。
比如要了解小学生的近视情况，我们没必要统计所有的小学生，而是可以选出有代表性的一部分。
读万卷书
行万里路
调查问卷

对于一项调查，研究对象的全部叫作总体。在小学生的近视情况的调查中，全国所有的小学生就是总体。
在调查中，我们从总体中所抽取的那一部分个体，叫作样本。统计过程中需要从总体中抽取样本，也就是抽样。
调查问卷
通过对样本的分析，我们可以估计和判断总体的情况。
总体
样本

进入大数据时代

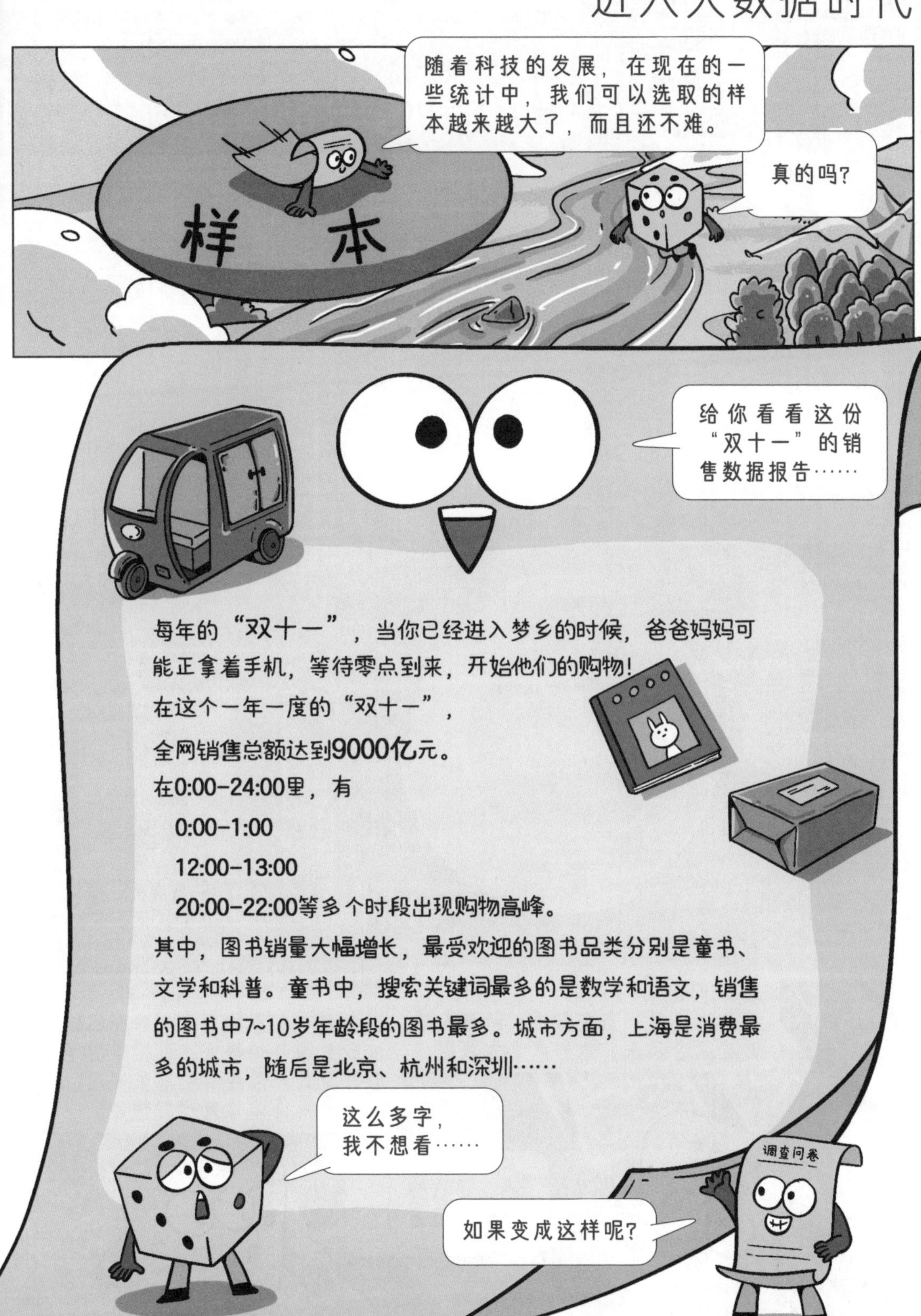

随着科技的发展，在现在的一些统计中，我们可以选取的样本越来越大了，而且还不难。
样本
真的吗？
给你看看这份“双十一”的销售数据报告……
每年的“双十一”，当你已经进入梦乡的时候，爸爸妈妈可能正拿着手机，等待零点到来，开始他们的购物！
在这个一年一度的“双十一”，
全网销售总额达到9000亿元。
在0:00-24:00里，有
0:00-1:00
12:00-13:00
20:00-22:00等多个时段出现购物高峰。
其中，图书销量大幅增长，最受欢迎的图书品类分别是童书、文学和科普。童书中，搜索关键词最多的是数学和语文，销售的图书中7~10岁年龄段的图书最多。城市方面，上海是消费最多的城市，随后是北京、杭州和深圳……
这么多字，我不想看……
调查问卷
如果变成这样呢？

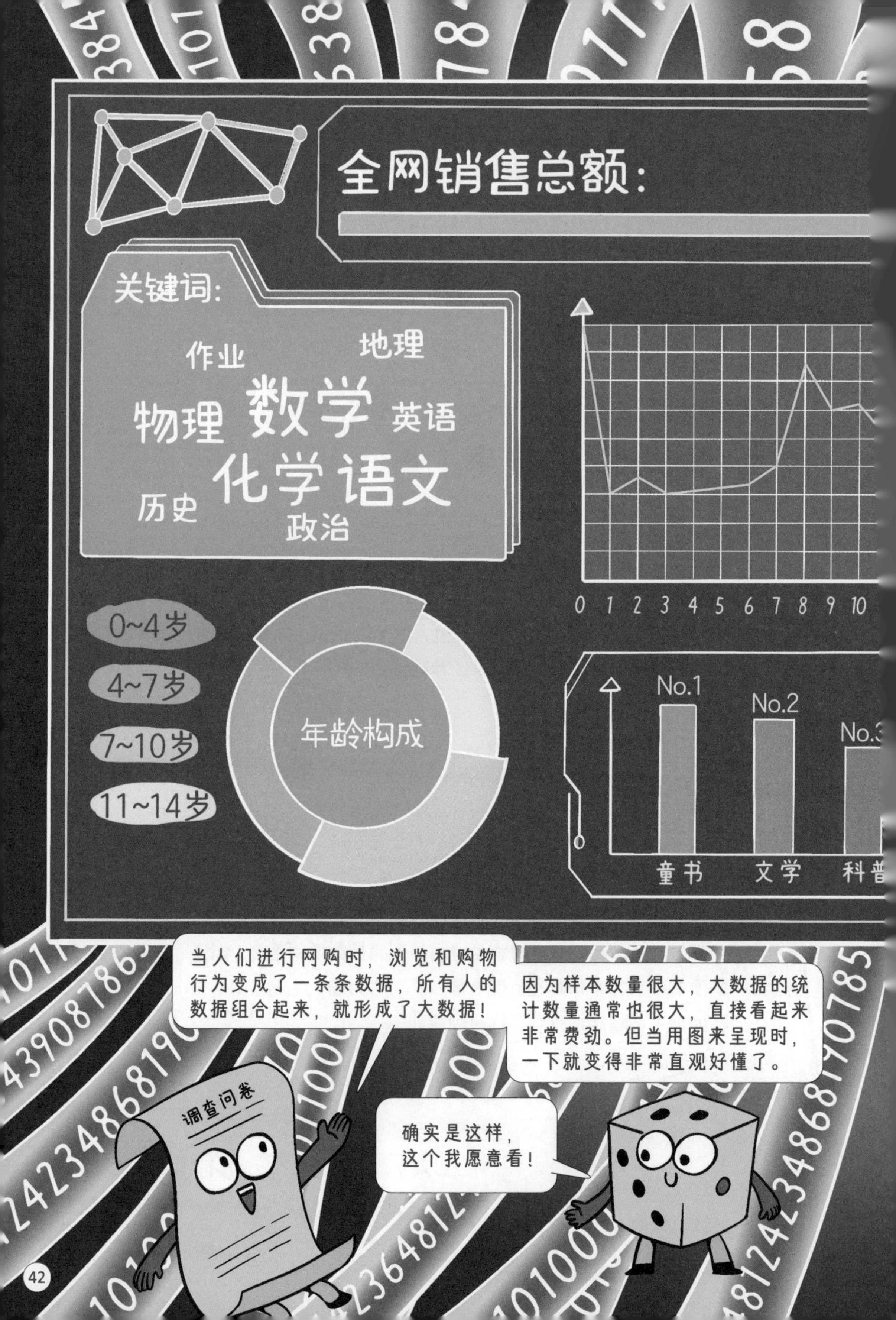
全网销售总额:
关键词:
作业
地理
物理
数学
英语
化学
语文
历史
政治
0 1 2 3 4 5 6 7 8 9 10
0~4岁
4~7岁
7~10岁
11~14岁
年龄构成
No.1
No.2
童书
文学
当人们进行网购时，浏览和购物行为变成了一条条数据，所有人的数据组合起来，就形成了大数据！
因为样本数量很大，大数据的统计数量通常也很大，直接看起来非常费劲。但当用图来呈现时，一下就变得非常直观好懂了。
调查问卷
确实是这样，这个我愿意看！

9000亿元
14 15 16 17 18 19 20 21 22 23 24
No.5
No.6
生活
艺术
1 上海
2 北京
3 杭州
4 深圳
5 苏州
6 西安
7 广州
8 长沙
9 成都
10 武汉
除了常见的条形统计图、扇形统计图和折线统计图，利用计算机技术，数据可以实现非常多样的表达，这就是数据可视化。
调查问卷
数据可视化

调查问卷
无论是传统的点滴记录，还是计算机里的大数据分析，统计的使命从未变过……
调查问卷
在拿到数据后，要仔细地检查，并对数据进行全面客观的分析。
通过分析数据，总结和发现关于自然、社会或者我们自身的规律。

通过开展调查，
来收集数据。
进而利用规律，来更好
地掌握情况，把握我们
的行动和选择。
调查问卷

第35页

"你来文具店之前，会想好要买的东西吗？"

这个问题的数据适合用扇形统计图来呈现（也可以用条形统计图）。扇形统计图用扇形大小来表示数量，非常直观。因为各部分都在一个圆中，扇形统计图还可以更好地呈现各部分占总体的多少。

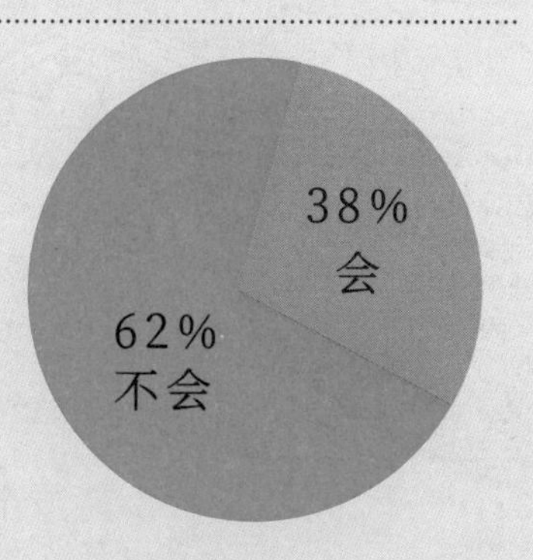

"如果你现在得到了20元奖励用来买文具，你打算买什么？"

这个问题适合用条形统计图来呈现（也可以用扇形统计图）。

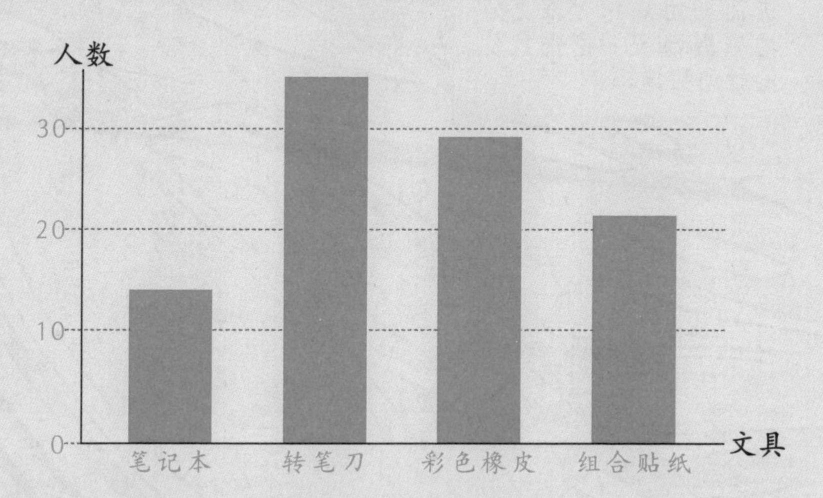

条形统计图用长方形的高度来表示数量，非常清晰直观。根据统计结果，在常用文具的基础上，文具店老板可以增加多功能转笔刀、彩色橡皮等对小学生有吸引力的产品，丰富产品的种类。

米莱童书 | 米莱童书 点亮孩子的未来

米莱童书是由国内多位资深童书编辑、插画家组成的原创童书研发平台。旗下作品曾获得2019年度“中国好书”，2019、2020年度“桂冠童书”等荣誉；创作内容多次入选“原动力”中国原创动漫出版扶持计划。作为中国新闻出版业科技与标准重点实验室（跨领域综合方向）授牌的中国青少年科普内容研发与推广基地，米莱童书一贯致力于对传统童书进行内容与形式的升级迭代，开发一流原创童书作品，适应当代中国家庭更高的阅读与学习需求。

策 划 人：刘润东　张秀婷

原创编辑：窦文菲

知识脚本作者：于利 北京市海淀区北京理工大学附属小学数学老师，34年小学数学教学经验，海淀区优秀“四有”教师。

漫画绘制：Studio Yufo

专业审稿：苑青 北京市西城区育才小学数学老师，32年小学数学教学经验，多次被评为教育系统优秀教师。

装帧设计：张立佳　刘雅宁　刘浩男

封面插画：孙愚火

图书在版编目（CIP）数据

这就是数学. 概率与统计 / 米莱童书著绘. -- 北京:
北京理工大学出版社, 2023.3（2025.4重印）

ISBN 978-7-5763-2026-8

Ⅰ. ①这… Ⅱ. ①米… Ⅲ. ①数学—儿童读物 Ⅳ.
①O1-49

中国国家版本馆CIP数据核字(2023)第000600号

责任编辑: 陈莉华 吴 博　　**文案编辑**: 陈莉华
责任校对: 刘亚男　　**责任印制**: 王美丽

出版发行 / 北京理工大学出版社有限责任公司
社　　址 / 北京市丰台区四合庄路6号
邮　　编 / 100070
电　　话 / (010)82563891(童书售后服务热线)
网　　址 / http://www. bitpress. com. cn

版 印 次 / 2025年4月第1版第10次印刷
印　　刷 / 朗翔印刷（天津）有限公司
开　　本 / 710 mm x1000 mm 1/16
印　　张 / 3
字　　数 / 70千字
定　　价 / 200.00元（全8册）

THAT'S MATH

No.7

这就是数学

奇妙的推理

米莱童书 著/绘

作为“人类智慧皇冠上最灿烂的明珠”，数学是一门非常重要的学科。从远古时期的结绳记数、累加计算到现在的大数据和云计算，从稳定的勾股定理、和谐的黄金比例到奇特的分形，从维持基本生存、逐步开发地球到探索广袤宇宙，数学出现在人类认识和改造世界的方方面面，与生活息息相关，并与前沿科学和高新科技不断携手向前。数学是每一位小朋友从背上书包进入学校起就会接触的科目，会伴随他们的整个童年和少年时光。

“良好的开始是成功的一半”，在刚刚接触数学时，建立起对基础概念的科学认识，培养起数学学习的兴趣，是非常关键的一环。《这就是数学》就是一套意趣盎然的数学学科漫画图书，聚焦于数量与数字、计量单位、几何图形、数的运算等核心的数学主题，从对日常生活的观察和感知入手，强化对基础概念的认知和理解，一点点地引导小读者把握数学思维的规律和方法，克服数学入门阶段的学习难点，从而为整个数学学习的历程打下坚实的基础。这套书采用了漫画的讲述形式，每个数学主题的拟人化角色都鲜活生动，选取的例子贴近孩子的生活，还融入了丰富的数学文化与前沿应用，读起来很有意思。

数学来自生活，我们的数学教育也不应该脱离生活。当孩子发现：花朵会盛开 3 瓣、5 瓣或 8 瓣是有数学规律的；蜜蜂会给自己搭建正六边形的房子是有数学原因的；在自己跟父母讨价还价中其实会动用数学的思维；运用数学的方法不仅可以计算，还可以解释、分析和预测自然、社会，甚至心理上的各种现象……他们就不会再觉得数学冰冷、枯燥了，他们会爱上这个迷人的学科。

愿孩子们能在这套书中感受到数学之美，爱学数学，学好数学。

中国科学院院士、数学家、计算数学专家

郭柏灵

消失的“水晶鞋”

又有事情发生了！
还好我刚刚顺利完成了“概率统计”的知识讲解。还记得我吗？我是调查问卷，这位是镜头，除了讲解知识，我们还有一个工作，就是——参与破案！
调查问卷
现在的消息传播可真快啊！我们才接到报案，新闻就已经传得沸沸扬扬了。你有什么想法？
太简单了，肯定是哪个观众偷偷跑到舞台后面把水晶鞋偷走了。我女儿就梦想有这么一双水晶鞋……
走吧，
去看看真相究竟是什么。

编号511 案情记录

日期：8月13号

地点：星河剧场

事件：灰姑娘演出的重要道具水晶鞋消失

水晶鞋最后一次出现时间：开演前道具检查时

发现水晶鞋消失时间：开演后27分钟，第二幕演出进行中，准备第三幕演出时

发现人：服装道具管理员

不好意思，
资料有点多……
这是平面图。
平面图

后台总共有左右两个出入口，左边这个离道具室很近，观众很可能是从左边这里进入的。
剧场平面图
入口
入口
道具
候场
卫生间
办公室
服装
化妆间
休息室

演出期间，左边的入口是关闭的，右边的入口也要刷脸进入，除非有人紧跟着工作人员混进来……
这么说，盗窃可能是内部人员干的了……
也不是没有可能嘛。

道具间
不是我啊！我一直在服装间里整理衣服，没留意道具室的情况。
有人能作证吗？
好像没有……
水晶鞋通常会放在这个柜子里，和魔杖、南瓜放在一起，我们在演出前进行最后检查时还是这样的。
现场没有被翻动破坏的迹象。如果是观众盗窃的，肯定要四处翻找，现场不会这么整齐。
利用我们聪明的大脑，对已知的信息进行推究整理、思考分析，从而得出新的判断，这就是推理。
所以说，现在推理已经开始啦！

演出前还在？这时候演员是不是已经上台了？
第一幕的演员已经上台了。
第一幕：灰姑娘家
故事：灰姑娘被后妈和两个姐姐欺负……
人员：灰姑娘、后妈、大姐、二姐
第二幕：灰姑娘家
故事：这天，一个士兵前来通告王子要举办舞会的消息……
人员：灰姑娘、后妈、大姐、二姐、士兵
第一幕和第二幕的故事都发生在灰姑娘家里，这两段演出的演员基本上是重合的，在第二幕的时候只是多了一个传递晚会消息的士兵。

演出前水晶鞋还在，而这几位演员一直在舞台上，所以可以排除了！
灰姑娘、后妈、大姐、二姐、士兵

也不是我。第一幕的时候我一直在跟正在化妆的王子聊天，等导演叫我的时候我就直接上台了。
是这样的。

那也可以排除了。
士兵
利用各种已知信息进行对照分析，去除不可能的选项，这是采用排除法进行推理。

从演出开始，导演、灯光师、音效师，以及灰姑娘、后妈、两个姐姐这几位演员一直在舞台上，士兵后来也上台了。
化妆师一直在给演员化妆，没有离开过化妆室。
那就只剩这几位了！

调查问卷
有几个问题，需要你如实地回答一下。

第一幕戏时我在化妆，第二幕戏时我就到休息室练习台词了。水晶鞋不在我这里，我不知道谁拿走了水晶鞋。

我在做各种准备啊，我扮演的是仙女，是需要变魔术的。水晶鞋不在我这里。剧里的舞会上有个人想要得到水晶鞋，剧外这个人拿走了水晶鞋。

在第一、二幕戏时，你在做什么？水晶鞋在你这里吗？你知道是谁拿走了水晶鞋吗？

我一直在忙着换衣服、化妆，演出总是让我很忙碌。我在换衣服的时候偶然看到管理员拿走了水晶鞋。

我一直在忙着整理演出的服装，没有留意道具室的情况，这确实是我的疏忽。
不过水晶鞋真不在我这里。

调查问
每个人的说法都不一样，又都很可疑，这怎么判断啊！
这四个人有三个人参与演出，王子看到穿着水晶鞋的灰姑娘时便不再与舞女一起跳舞了，那么剧里想得到的人是舞女，剧外……
那仙女指认的人是舞女！
我知道是谁了！

别演了，是你偷走了水晶鞋！
当时，你和灰姑娘演员一起竞选灰姑娘的角色，但你落选了，只能演不起眼的舞女，而灰姑娘演员却因为这部剧而备受欢迎……
灰姑娘剧目选角表
你不要血口喷人！
灰姑娘剧目选角表
当然这些只是辅助，最重要的证据是——你说的话！

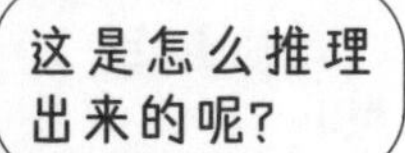

这是怎么推理
出来的呢？
调查问卷
我们把四个人的说法总结一下，
可以得到这样的四句话。

这四个人中有一个人拿了
水晶鞋，为了掩饰，会有
一个人说了假话。
王子：水晶鞋不在我这里。
仙女：水晶鞋在舞女那里。
舞女：水晶鞋在管理员那里。
管理员：水晶鞋不在我这里。

我们可以依次
假设一下。

如果王子说了假话，是他拿了水晶
鞋，那么仙女的话是假的，舞女的
话也是假的，管理员的话是真的。
有三个人说了假话，这不可能。
王子拿了水晶鞋
王子：水晶鞋不在我这里。✗
仙女：水晶鞋在舞女那里。✗
舞女：水晶鞋在管理员那里。✗
管理员：水晶鞋不在我这里。✓

仙女拿了水晶鞋

王子：水晶鞋不在我这里。 ✓

仙女：水晶鞋在舞女那里。 ✗

舞女：水晶鞋在管理员那里。 ✗

管理员：水晶鞋不在我这里。 ✓

如果仙女说了假话，是她拿了水晶鞋，那么王子的话是真的，舞女的话是假的，管理员的话是真的。有两个人说了假话，也不对。

舞女拿了水晶鞋

王子：水晶鞋不在我这里。 ✓

仙女：水晶鞋在舞女那里。 ✓

舞女：水晶鞋在管理员那里。 ✗

管理员：水晶鞋不在我这里。 ✓

如果是舞女说了假话，是她拿走了水晶鞋，那么王子的话是真的，仙女的话是真的，管理员的话也是真的。这合乎逻辑。

管理员拿了水晶鞋

王子：水晶鞋不在我这里。 ✓

仙女：水晶鞋在舞女那里。 ✗

舞女：水晶鞋在管理员那里。 ✓

管理员：水晶鞋不在我这里。 ✗

如果管理员说了假话，是他拿走了水晶鞋，那么王子的话是真的，仙女的话是假的，舞女的话是真的。有两个人说了假话，又是不对的。

这就得出了，只能是舞女说了假话！在碰到既有真又有假的一些说法时，我们可以试着用假设的推理方法，依次试一下各个说法的正确性。

算你聪明。
哈哈哈。
我想想……水晶鞋不在道具室，也不在卫生间。
我再想想……水晶鞋不在道具室，应该在……休息室。
快说吧，你把水晶鞋放到哪里了？
哦，想起来了……水晶鞋不在休息室，还在道具室。

别闹了，到底在哪里？
你们不是擅长推理嘛！我刚刚说的话，每句都有一半为真，一半为假，现在你们知道水晶鞋在哪里了吗？

又是有真有假的说法啊！
调查问卷
那就再试试假设法吧！

水晶鞋不在道具室，水晶鞋不在卫生间。

水晶鞋不在道具室，水晶鞋在休息室。

水晶鞋不在休息室，水晶鞋在道具室。

道具室

休息室

卫生间

水晶鞋在道具室

水晶鞋不在道具室 × 水晶鞋不在卫生间√

水晶鞋不在道具室 × 水晶鞋在休息室 ×

水晶鞋不在道具室✔ 水晶鞋不在卫生间✘
水晶鞋不在道具室✔ 水晶鞋在休息室✘
水晶鞋不在休息室✔ 水晶鞋在道具室✘

我们再来试一下，如果水晶鞋藏在了休息室，那么……

在垃圾桶里！
真没想到，竟然会
发生这样的事情。
这次没当成主角，下次还有机会，
人生又不是只有一场戏。
何苦要在搞破坏
上当主角呢！
辛苦二位了！有空
欢迎来剧场看剧啊！
没问题，我女儿可喜欢灰姑娘
的故事了，我会带她来看的。

灰姑娘
灰姑娘
经过一番推理，
原来疑点重重的案件
这么快就得到了破解，
推理真是太奇妙了！
哈哈，听起来你
已经爱上它了！
调查问卷

一封来自神秘人的信

亲爱的陌生人：
恭喜你！这封只有0.01%的概率会被人发现的信被你发现了，这是比中奖还难的事情啊！
由此，你将会走进一个神秘的世界，并将看到一些有趣的内容。不过，这也将会是一个充满挑战的旅程，你愿意尝试吗？
来自：神秘人

这一看就是个恶作剧，之前住在这里的人想找点乐子，戏弄一下之后入住的人……
我看不一定，这封信是我在一个很旧的家具下面发现的，信看起来确实也有年头了。

更关键的是，还有地图和这么多卡片。如果不是想传递信息，为什么要精心做这么多东西呢？
就是，说不定有什么宝贝呢！

那你说说看，有什么信息呢？

看地图的轮廓应该就是
咱们这个地区。
可地图上并没有标出
什么特殊的地点啊。
还有这些卡片呢……

当推理的方向不明朗时，
可以发散思维，猜想各种
不同的可能性。

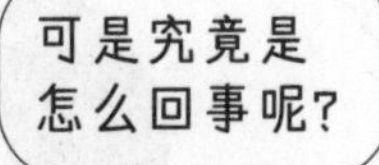

醒醒，别浪费脑细胞了。骆驼生活在中国的大西北，黄羊主要在北方，藏羚羊在西南，大熊猫的家在四川，天南海北的，能有什么关系。

西南、北方、西北……

要我说，有的时候想象力太丰富也不是什么好事。

我知道了！

骆驼生活在中国的西北，因此这个卡片代表西北方。你们看，骆驼的驼峰跟地图西北的边缘是可以重合的。
大熊猫的故乡在四川，看这里，地图上有个房子是黑白两色的，它的窗户有点像熊猫的眼睛。地图里只有这一处的房子是这样的。
啊？这……
我们再将黄羊和藏羚羊分别放在北方和西南方。看它们的眼神……

眼神都看向
熊猫的方向？
没错！因此这
个建筑应该就
是目的地。
这也太神奇了！
没错，要想获得答案，需
要不断尝试，直到找到
那个完全吻合的可能！
之前只在书里看过神探的故
事，没想到现实中真的有神
探存在啊！
别愣着了，咱们出发
去目的地看看！

看起来，
就是这儿了！
没想到这里真的有个古建筑呢。
你们是来干嘛的？
哦，我们是来参观的。
您可以给我们讲讲这座建筑的历史吗？
一个古建筑有啥好看的，真理解不了你们……你们跟我来。

那个建筑啊……
在我出生的时候
就有了……
当时里面有人吗？

空着，好像
没什么人……
确定吗？
再想想呢？

小时候我们常常去
那里玩，这算吗？
那你有没有看到有人
专门来看这个建筑，
画画写字之类的？

嗯……有段时间
有个人常常来这里写
生画画，有时画太久天
黑了，会住在那里。他
还会给我们画像呢！
哦，对了，里面有个
破箱子是他留下的，
现在可能还在里面。

果然还在！
竟然还有数字密码！
果然还是被耍了！
既然不能直接打开，
按照这个人的风格，
肯定留下了线索。

你们看这里！

跟信的字体是一样的！
是他写的！

密码有5位，由1、2、3、4、
5组成。
1并不是第一位数。
2不是第一也不是最后一位数。
3跟在1后面。
4不是第二位数。
5跟在4后面。
看起来像绕口令，
这能解开吗？

又是推理，
我喜欢！

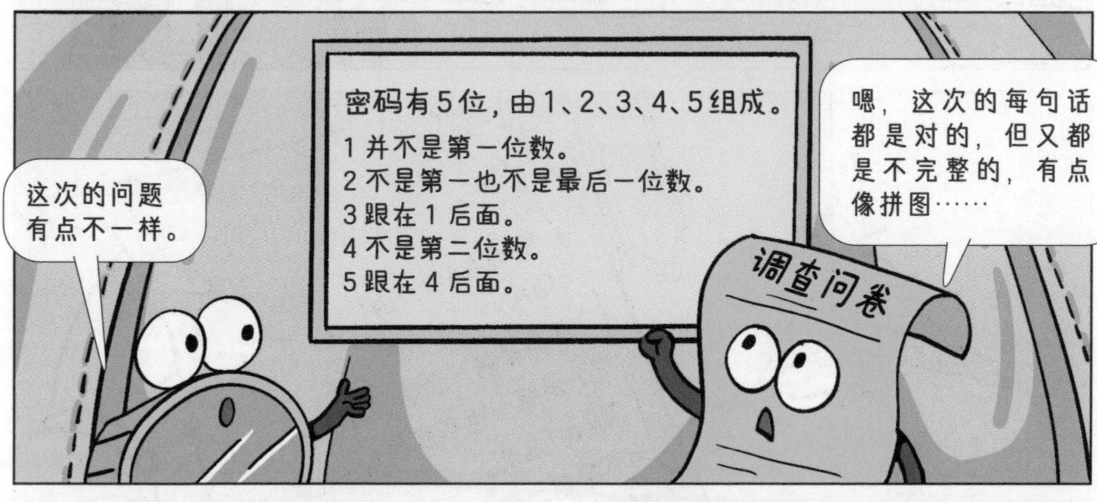

	第一位	第二位	第三位	第四位	第五位
1					
2					
3					
4					
5					

调查问卷

我们画个表格来看看吧。竖着写1、2、3、4、5这五个数字，横着写它们可能的位置。

	第一位	第二位	第三位	第四位	第五位
1	×				
2					
3					
4					
5					

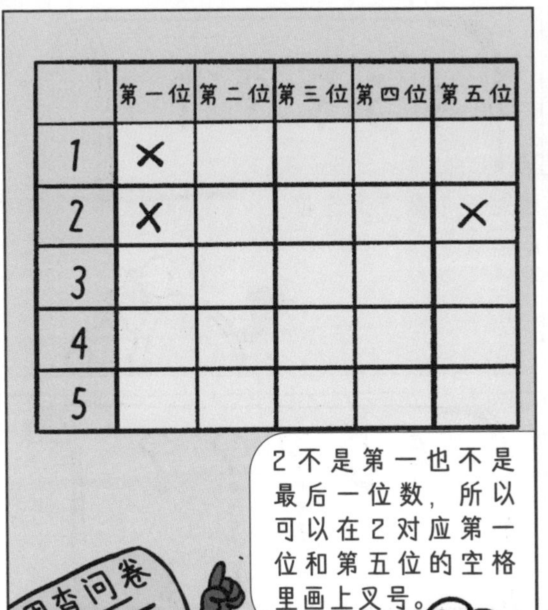

	第一位	第二位	第三位	第四位	第五位
1	×				
2	×				×
3					
4					
5					

	第一位	第二位	第三位	第四位	第五位
1	×				
2	×				×
3	×				
4					
5					

	第一位	第二位	第三位	第四位	第五位
1	×				
2	×				×
3	×	×			
4		×			
5					

	第一位	第二位	第三位	第四位	第五位
1	×				
2	×				×
3	×	×			
4		×			
5	×				

	第一位	第二位	第三位	第四位	第五位
1	×				
2	×				×
3	×	×			
4	✓	×			
5	×	✓			

在碰到多个主体，分别对应着不完整的陈述时，我们可以用**列表的方法**进行推理，逐步锁定每个主体的位置。

我知道了!
我也知道了!
咔!!!
45213……
会是什么呢?

画……
这个神秘人想要我们发现的，是他的画作。
那为什么不直接留给亲人朋友呢？如果没人看到那封信，或者没有破解其中的信息，那这些画稿不就永远遗失了吗？
这就不得而知了……相比于画作的传承，这个神秘人可能更在意传承的人，他想要足够有智慧的人看到这些画作。

虽然不知道这个神秘人的名字、模样、身份，但可以推测出他一定是一个充满创造力和幽默感的人。

咱们还真的发现了宝贝，所以说人要有梦想，万一实现了呢……

神秘人的神秘画展
没想到，一封尘封的信件背后，竟然“推理”出一个这么丰富而奇妙的世界！
是啊，这一切真是**太有趣了！**
调查问卷

米莱童书 | 米莱童书

米莱童书是由国内多位资深童书编辑、插画家组成的原创童书研发平台。旗下作品曾获得2019年度“中国好书”，2019、2020年度“桂冠童书”等荣誉；创作内容多次入选“原动力”中国原创动漫出版扶持计划。作为中国新闻出版业科技与标准重点实验室（跨领域综合方向）授牌的中国青少年科普内容研发与推广基地，米莱童书一贯致力于对传统童书进行内容与形式的升级迭代，开发一流原创童书作品，适应当代中国家庭更高的阅读与学习需求。

策 划 人： 刘润东　张秀婷

原创编辑： 窦文菲

知识脚本作者： 于利 北京市海淀区北京理工大学附属小学数学老师，34年小学数学教学经验，海淀区优秀“四有”教师。

漫画绘制： Studio Yufo

专业审稿： 苑青 北京市西城区育才小学数学老师，32年小学数学教学经验，多次被评为教育系统优秀教师。

装帧设计： 张立佳　刘雅宁　刘浩男

封面插画： 孙愚火

图书在版编目（CIP）数据

这就是数学. 奇妙的推理 / 米莱童书著绘. -- 北京:北京理工大学出版社, 2023.3（2025.4重印）

ISBN 978-7-5763-2026-8

Ⅰ.①这… Ⅱ.①米… Ⅲ.①数学–儿童读物 Ⅳ.①O1-49

中国国家版本馆CIP数据核字(2023)第000554号

责任编辑：陈莉华　吴　博　　文案编辑：陈莉华
责任校对：刘亚男　　责任印制：王美丽

出版发行 / 北京理工大学出版社有限责任公司
社　　址 / 北京市丰台区四合庄路6号
邮　　编 / 100070
电　　话 / (010)82563891(童书售后服务热线)
网　　址 / http://www. bitpress. com. cn

版 印 次 / 2025年4月第1版第10次印刷
印　　刷 / 朗翔印刷（天津）有限公司
开　　本 / 710 mm x1000 mm　1/16
印　　张 / 2.5
字　　数 / 70千字
定　　价 / 200.00元（全8册）

图书出现印装质量问题，请拨打售后服务热线，负责调换

THAT'S MATH

番外

这就是数学

知识宇宙中心之争

米莱童书 著/绘

北京理工大学出版社
BEIJING INSTITUTE OF TECHNOLOGY PRESS

作为“人类智慧皇冠上最灿烂的明珠”，数学是一门非常重要的学科。从远古时期的结绳记数、累加计算到现在的大数据和云计算，从稳定的勾股定理、和谐的黄金比例到奇特的分形，从维持基本生存、逐步开发地球到探索广袤宇宙，数学出现在人类认识和改造世界的方方面面，与生活息息相关，并与前沿科学和高新科技不断携手向前。数学是每一位小朋友从背上书包进入学校起就会接触的科目，会伴随他们的整个童年和少年时光。

“良好的开始是成功的一半”，在刚刚接触数学时，建立起对基础概念的科学认识，培养起数学学习的兴趣，是非常关键的一环。《这就是数学》就是一套意趣盎然的数学学科漫画图书，聚焦于数量与数字、计量单位、几何图形、数的运算等核心的数学主题，从对日常生活的观察和感知入手，强化对基础概念的认知和理解，一点点地引导小读者把握数学思维的规律和方法，克服数学入门阶段的学习难点，从而为整个数学学习的历程打下坚实的基础。这套书采用了漫画的讲述形式，每个数学主题的拟人化角色都鲜活生动，选取的例子贴近孩子的生活，还融入了丰富的数学文化与前沿应用，读起来很有意思。

数学来自生活，我们的数学教育也不应该脱离生活。当孩子发现：花朵会盛开 3 瓣、5 瓣或 8 瓣是有数学规律的；蜜蜂会给自己搭建正六边形的房子是有数学原因的；在自己跟父母讨价还价中其实会动用数学的思维；运用数学的方法不仅可以计算，还可以解释、分析和预测自然、社会，甚至心理上的各种现象……他们就不会再觉得数学冰冷、枯燥了，他们会爱上这个迷人的学科。

愿孩子们能在这套书中感受到数学之美，爱学数学，学好数学。

中国科学院院士、数学家、计算数学专家

郭柏灵

调查问卷
在广袤的宇宙中，有一颗
“数学星球”。在不当讲解员的时候，
“数学小人们”便会居住在这里。
这天，数学星球变得
格外热闹起来……

这不是……咱们的老相识——分子嘛，它们也来了？
原本以为咱们是特邀嘉宾呢，没想到几乎整个米莱知识宇宙的居民都被邀请了！
欢迎来到数学星球
数学星球也是个打卡拍照的好地方啊！
而且肯定还会有各种好玩的事情发生！

数学宇宙中心
大家好，我是数字1。首先，请允许我代表数学星球的全体同胞，对各位的到来表示最热烈的欢迎！
接下来，请大家与我们一同见证——宇宙中心的落成仪式！

我们的宇宙中心将数学和各个学科连接了起来，从中间的宇宙中心大楼可以通往各个学科分部……
数学
宇宙中心
物质原理分部
物质原理分部会用数学来破解事物运动和变化的规律，是数学在物理学和化学中的应用。
生命奥秘分部
生命奥秘分部会用数学的方法来研究有关生命的规律，是数学在生物学中的应用。

前沿科学分部
前沿科学分部会用数学来对各种尖端的科学和技术进行攻关，是数学在前沿科学领域的应用。
社会运转分部
社会运转分部会用数学来对经济社会的运转进行描述和模拟，是数学在社会科学领域的应用。
从明天开始，我们将启动“学科日”活动，邀请各位分别前往各自的分部进行参观考察。
第一天：物质日
第二天：生命日
第三天：社会日
第四天：神秘日

什么情况？！
为什么数学会是
宇宙中心？
物质都是由分子或原子构成的，
这么说来，我们所在的化学星
球才应该是宇宙中心！
咱们怎么就被数学
给统治了呢？
还这么光明
正大！真的觉得大家
都会服气吗？
明天就开始各个学科
日的参观了，我们可
以联合大家……

第一天：物质日
特邀嘉宾：
分子和原子 —— 来自化学星球
物质都是由分子或原子构成的，它们非常非常小，在你一次吸入的空气里，就有无数个空气分子，在你喝下的一口水里，就有无数个水分子。

哇！大家这么早
就到了！
那是，我们
迫不及待地
想推翻……
是推……推进
这里的工作。
哈哈，那咱们
快进去吧！

咦，这里怎么跟化学
工厂这么像？

当不同的物质之间发生反应，产生新的物质，就是发生了化学变化。
用炉子烧火，木炭燃烧后变成了灰烬和烟。
铁钉生锈，原来光洁的表面变得锈迹斑斑。
把食物吃下去，食物通过消化会变成身体可以吸收的物质。
别说了，这些我们都知道！这跟数学有什么关系，你们凭什么……

质量守恒定律
能量守恒定律
当然有关系，因为所有的化学反应都遵循着包含数学关系的定律——质量守恒定律和能量守恒定律！
我们以燃烧为例，经过燃烧，木炭变成了灰烬，好像是变少了，其实是燃烧中生成的气体跑到空气中去了。如果把所有的物质都算进去，反应前后的质量是相等的。
在燃烧中，木炭中的化学能转化为热能和光能，所以我们会看到火光并觉得热，而反应前后的能量也是相等的。

不会无中生有，也不会意外消失，守恒定律让我们感受到物质世界的稳定、和谐与美好……
怎么办啊？咱们确实要遵循这些数学等式。
我也不知道了……咱们还是把事情想简单了，准备得不够充分……
后面还有呢，咱们继续吧！
这才是第一天，还有接下来的几天，其他的战友们肯定可以推翻这个宇宙中心的！

第二天：生命日
特邀嘉宾：
植物细胞和动物细胞
——来自生物星球
所有的地球生命都离不开细胞，无论是植物、动物，还是你平时看不到的微生物，都是由细胞构成的。通过显微镜，我们可以看到细胞的结构。细胞里的不同部分可以完成许多工作。

根据原子战友透露的信息，我已经连夜查阅了，最重要的生命法则——物竞天择，适者生存，跟数学没什么关系！
是时候打击它们的嚣张气焰了！

这里的环境真好啊！充满了生命的气息……
不过没有感受到数学的气息啊！这里真的是数学星球吗？
你们过来看……

13 世纪意大利数学家斐波那契对兔子的繁殖进行了观察。

开始：如果一开始有一雌一雄一对小兔子。

一个月：兔子长成后开始进行连续的繁殖。

两个月：产下一雌一雄一对小兔子。

三个月：这对兔子又产下一对小兔子。而上个月的小兔子长成后也开始繁殖。

四个月：这对兔子又产下一对小兔子。新的一对兔子也产下一对小兔子。上个月的小兔子长成后也开始繁殖……

现在，我们把每个月对应的兔子对数写一下。第一个月1对，第二个月1对，第三个月2对，第四个月3对，第五个月5对。
观察一下，你们有发现什么规律吗？
1，1，2，3，5
我来揭秘了：这组数字由两个1开始，后面的每一项都是前面两个数字的和。因为最早由斐波那契发现，因此被称作斐波那契数列。
1→1
1+1 2
1+2 3
2+3 5
3+5 8
5+8 13
8+13 21
13+21 34
按照这个规律，我们还可以继续写下去，而这跟兔子的繁殖数量一直是对应的！
就是！兔子确实可爱，但也不用这么费力研究啊！你们是不是实在没办法了，想这么糊弄我们啊？
不就是一堆兔子的数量嘛。
当然不是！

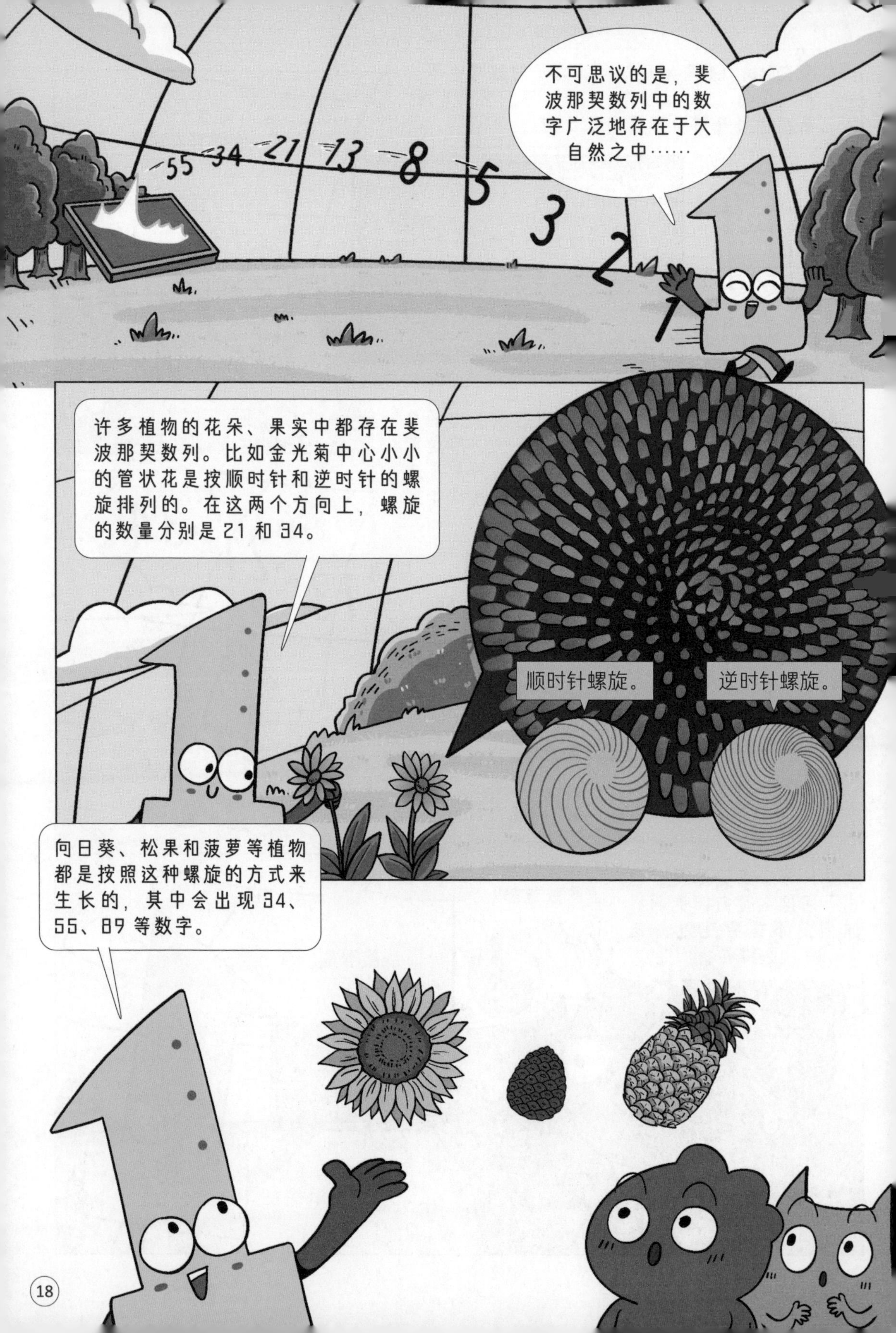
不可思议的是，斐波那契数列中的数字广泛地存在于大自然之中……
55 34 21 13 8 5 3 2 1
许多植物的花朵、果实中都存在斐波那契数列。比如金光菊中心小小的管状花是按顺时针和逆时针的螺旋排列的。在这两个方向上，螺旋的数量分别是21和34。
顺时针螺旋。
逆时针螺旋。
向日葵、松果和菠萝等植物都是按照这种螺旋的方式来生长的，其中会出现34、55、89等数字。

许多花朵的花瓣数量也是斐波那契数列中的数字。百合花有3瓣花瓣，梅花有5瓣花瓣，向日葵有21或34瓣花瓣，雏菊有34、55或89瓣花瓣……
3
5
21
34
为什么会这样呢？这是因为植物需要为种子、花瓣和叶子提供一种好的排列方式，使它们在有限的空间尽可能既没有大缝隙又不重叠，而这组数字刚好可以满足。

1
1
我们还可以把这个数列用图形画出来。我们从两个数字 1 开始……
34
21
5
3
2
13
8
它们逐渐扩展，变成了现在的斐波那契螺旋线。
科学家伽利略曾说：“宇宙万物是用数学语言写成的。”在自然界中，充满着各种奇妙的数字和数字规律。
自然界中经常可以找到这样的螺旋线，比如这个贝壳的纹路。是不是很神奇！

刚刚的斐波那契数列只是数学在生物中的众多应用之一，从生命自身的构造到它们住所的搭建，再到生物特征的遗传和变异，都跟数学密切相关……
我无力反驳了。
我也一样。

战友们，深夜召集大家开会，是因为我们的“推翻计划”目前遇到了一些阻碍……
我们总结了一下，前两天的参观主要围绕着物理、化学和生物展开，这些学科都属于自然科学。
物理
化学
生物
数学
数量
形状
变化关系
自然科学围绕着对自然世界的探索展开，而数学研究数量、形状结构及其变化关系，确实是揭示自然规律的重要工具。
这么看，突破要在后面出现了……

第三天：社会日

特邀嘉宾：

货币和商品 —— 来自经济星球

除了自己种植或自己制作的东西，日常生活中人们的衣食住行等各种所需的物品都是商品，而要获得商品，需要用货币也就是钱来购买。货币与商品都与人们的生活息息相关。

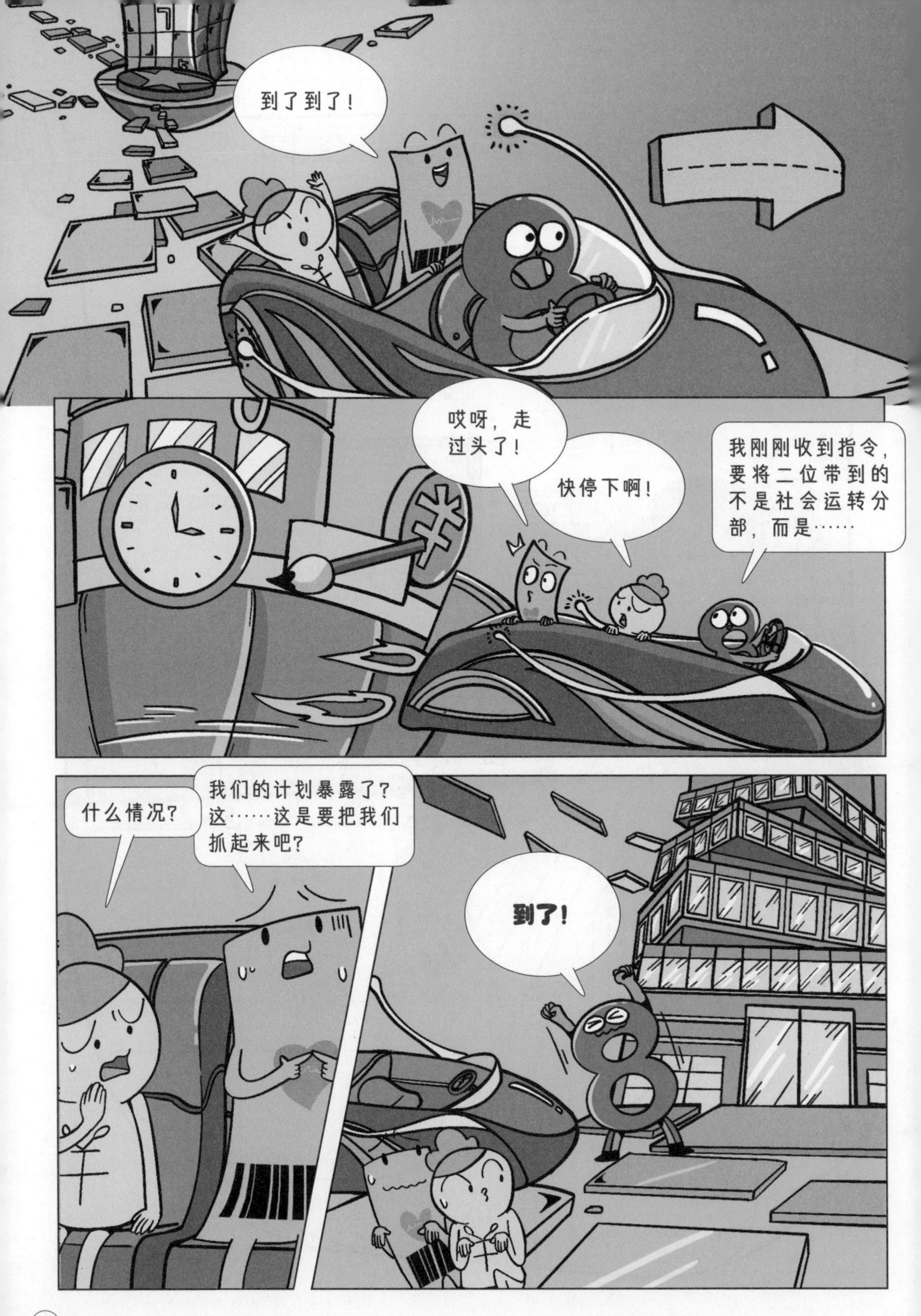
到了到了！
哎呀，走过头了！
快停下啊！
我刚刚收到指令，要将二位带到的不是社会运转分部，而是……
什么情况？
我们的计划暴露了？这……这是要把我们抓起来吧？
到了！

哎呀！
调查问
我们……
调查问卷
咱们要去的地方就在前面，我带你们过去。
就是这里了！
调查问卷

我们不是故意……
对对……咱们有话好好说，都是可以沟通的！
调查问卷

是的，今天就是想跟二位好好沟通一下，咱们这边请。
调查问卷
我一直都非常喜欢思考经济问题，这其中包含了非常多的数学思想……
从原始社会开始，人们为了补充和丰富自己的生活物资，就开始了商品交换，这个二位都非常熟悉了。
调查问卷

在商品交换时，人们非常关注的就是交换所得的东西多少，用一头牛换来 6 袋粮食显然比 5 袋更划算。
茶叶
茶叶
薄利多销
无欺
后来，货币出现了，人们可以用钱买到各种东西。如果两件相同的商品有着不同的价格，人们肯定会选择购买价格便宜的那个。
结果是，市场中商品的价格会逐渐趋于稳定，市场繁忙而有序地运转着……
鲜蔬菜
王记
猪肉铺
那么，问题来了，市场是如何确定一件商品的价格的呢？

价格

15

10

5

0 5 10 15 数量

调查问卷

我们来画一个坐标轴，横坐标是玩偶数量，纵坐标是玩偶价格，刚刚说的 3 种情况可以放在里面，成为坐标轴里的三个点。

售卖的一方刚好相反，定价越低，赚的就越少，乐意卖的就越少；定价越高，赚的越多，乐意卖的就越多。

定价为 5 元时，商家只打算卖 5 件；定价为 10 元时，商家打算卖 10 件；定价为 15 元时，商家乐意卖 15 件。

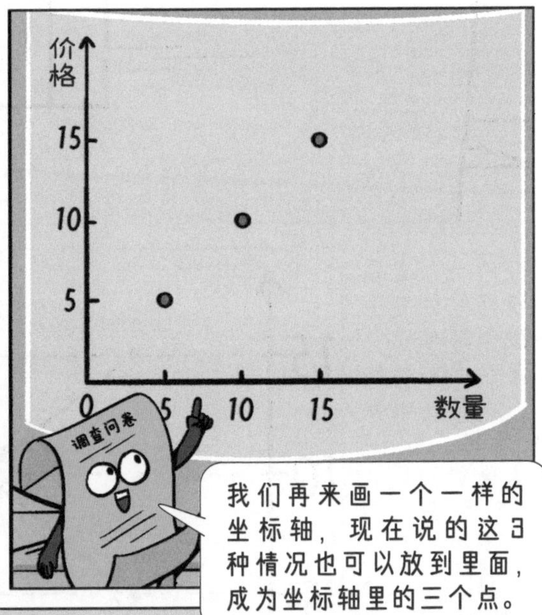
价格
15
10
5
0
5
10
15
数量
调查问卷
我们再来画一个一样的坐标轴，现在说的这 3 种情况也可以放到里面，成为坐标轴里的三个点。

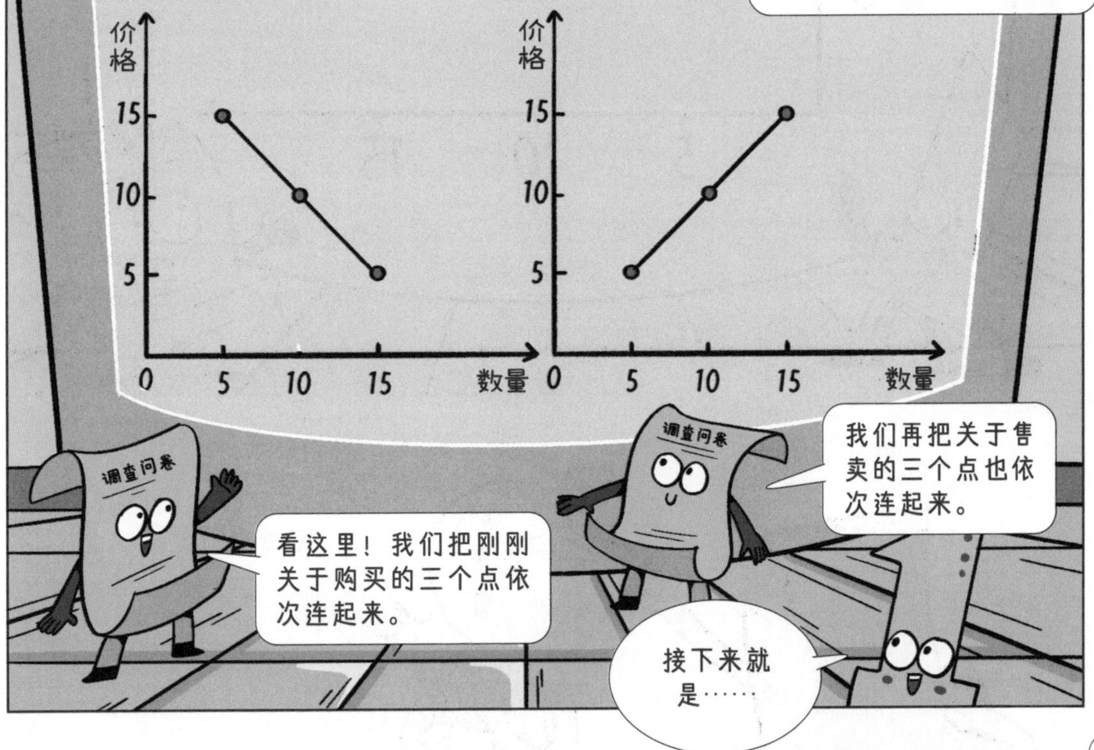
价格
15
10
5
0
5
10
15
数量
价格
15
10
5
0
5
10
15
数量
调查问卷
看这里！我们把刚刚关于购买的三个点依次连起来。
调查问卷
我们再把关于售卖的三个点也依次连起来。
接下来就是……

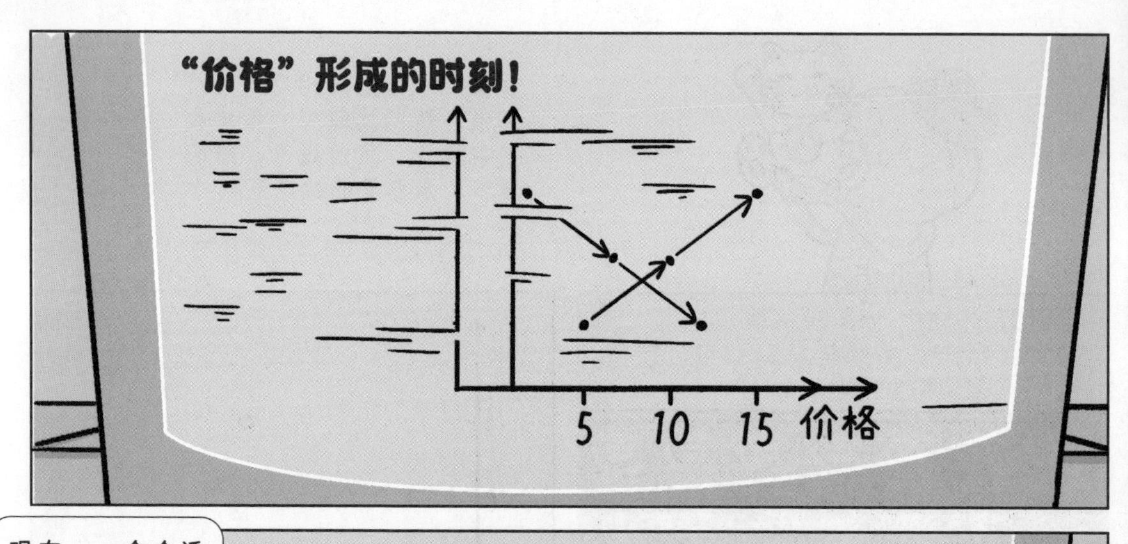
“价格”形成的时刻！
5
10
15
价格

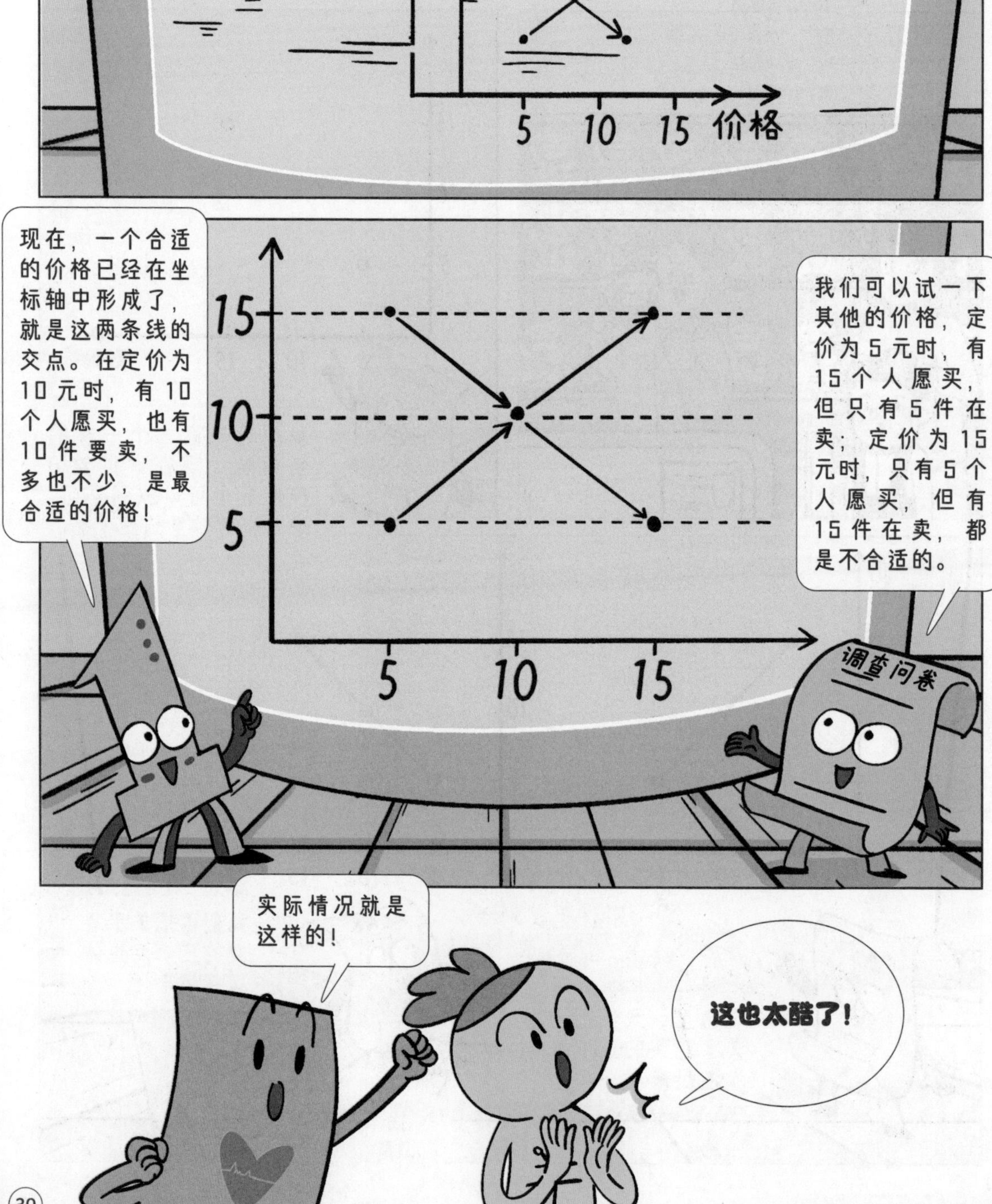
现在，一个合适的价格已经在坐标轴中形成了，就是这两条线的交点。在定价为10元时，有10个人愿买，也有10件要卖，不多也不少，是最合适的价格！
我们可以试一下其他的价格，定价为5元时，有15个人愿买，但只有5件在卖；定价为15元时，只有5个人愿买，但有15件在卖，都是不合适的。
15
10
5
5
10
15
调查问卷
实际情况就是这样的！
这也太酷了！

模型假设
模型建立
模型分析
模型检验
模型应用
是根据实际对象的特征，对问题进行简化。
利用数学工具建立起现象之间的数学关系。
对建立起的数学关系进行分析和求解。
将模型分析结果与实际情形进行比较。
将模型应用到更多的情形中，得到更多预测结果。
我们刚刚进行的，是一个简单的“数学建模”过程。
数学建模是一种数学的思考方法，我们会运用数学的符号、图形和式子等对实际现象进行抽象刻画，进而可以对现象背后的规律进行解释或预测。
调查问卷
现在，我们回到社会运转分部。
¥

利用数学建模的方法，我们试图对各种复杂的经济问题展开研究……
投资模型可以帮助人们进行理性的投资决策。
人口流动模型可以对各个地区人口的数量变化进行预测。
利润模型可以对工厂的最佳生产量进行评估。
今天过得真是太充实了，学到了很多新知识。
等我们回到经济星球，要引进数学建模来开展研究！

神秘日来了……

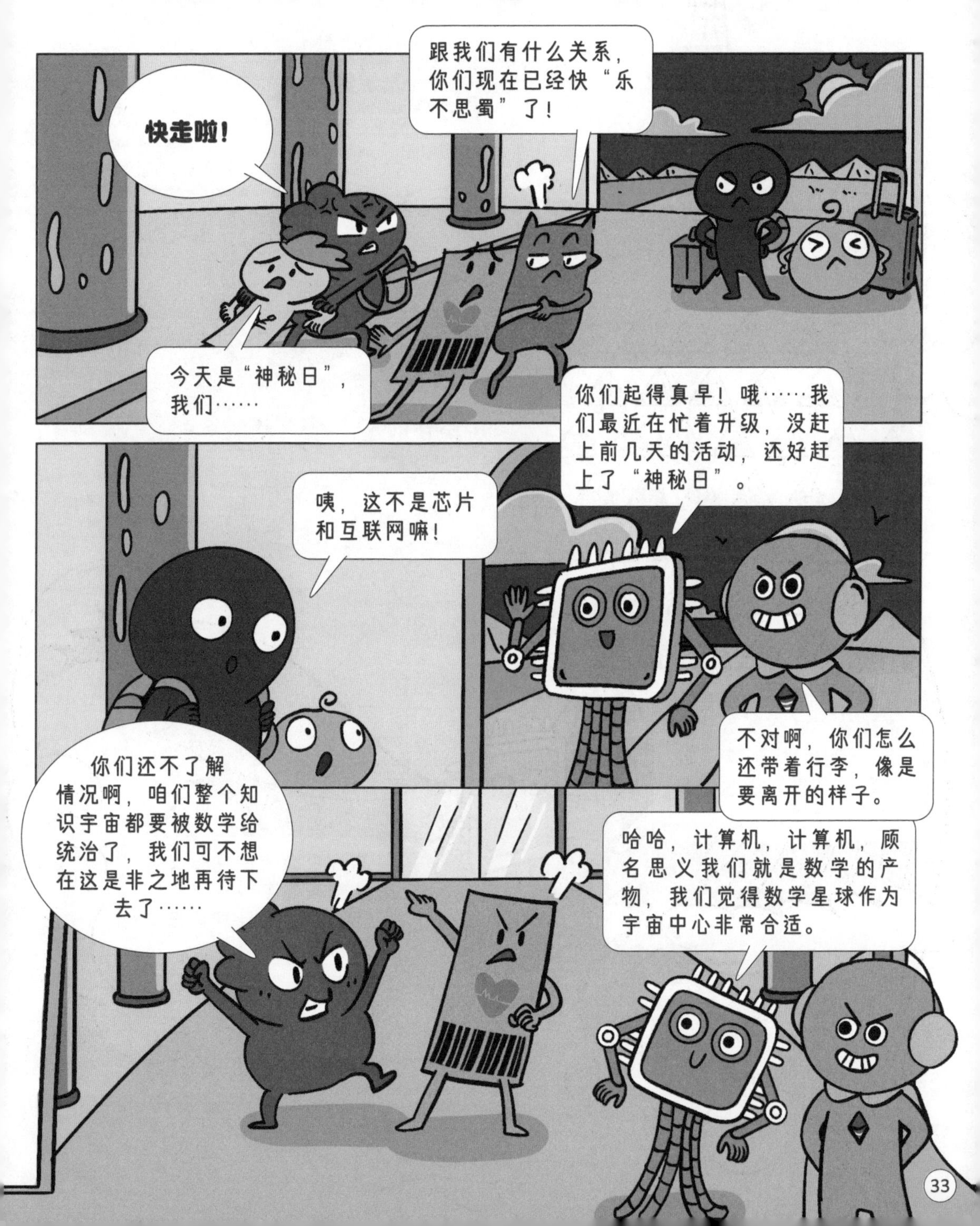

快走啦！
跟我们有什么关系，你们现在已经快“乐不思蜀”了！
今天是“神秘日”，我们……
咦，这不是芯片和互联网嘛！
你们起得真早！哦……我们最近在忙着升级，没赶上前几天的活动，还好赶上了“神秘日”。
不对啊，你们怎么还带着行李，像是要离开的样子。
你们还不了解情况啊，咱们整个知识宇宙都要被数学给统治了，我们可不想在这是非之地再待下去了……
哈哈，计算机，计算机，顾名思义我们就是数学的产物，我们觉得数学星球作为宇宙中心非常合适。

从第一台计算机诞生开始，我们就走上了不断提速扩容的“数据处理”之路。
那么，计算机是如何实现“超级算力”的呢？这就要说到计算机的核心部件——芯片了！
在芯片内部，是无数个晶体管，每个晶体管都是一个代表0或1的通路，晶体管组合起来就可以进行运算了。
芯片中含有的晶体管数量越来越多，计算机的计算能力和计算速度也越来越快！

无论是图案、视频，还是软件、网页，或者各种二维码，在计算机屏幕的背后都是数据，人们的生活正变得越来越“数字化”。每一个简单的操作，都让数据进入流动和运算变化之中。庞大的数据汇集起来，就形成了“大数据”。计算机强大的数据分析能力让大数据的应用越来越广泛。
除了计算速度，数据的网络传输速度也在变得越来越快，而且计算机还在变得越来越智能，可以做的事情也越来越多。是数学创造出了这个多彩的世界！

大家出门真早，先别聊天了，快来参加活动吧！
这是数学星球迎接客人的最高待遇——花车，请各位登车！
别纠结了，快上来吧！
什么情况，真是拿它们没办法！
只能看情况随机应变了。
你们抬头看！

有我！
也有我！
正像大家所看到的那样，在我们数学宇宙中心的建筑上，升起了各个星球来宾的头像，这其中蕴含着我们最想表达的内容。
数学探究的是数量、形状结构及其变化关系。如果仅研究这些抽象的规律，数学的功能就无法得到充分的发挥。
还好遇到了你们！与自然科学的相遇是一次次无与伦比的“梦幻联动”，我们先后遇到了天文学、物理学、化学、生物学等各门学科。后来还跟社会科学有了关联，跟前沿科学的关系也越发紧密……这样的合作让每一门学科都取得了突破性的发展！

就像这个建筑，数学的部分是基石，而被托举起的各位，才是真正的大明星，是帮助人们认识和开发世界的亲密伙伴。
让我们为这样的合作喝彩，也为我们深厚的友谊喝彩！
数学
今后，就让我们继续努力吧！

米莱童书 | 米莱童书 点亮孩子的未来

米莱童书是由国内多位资深童书编辑、插画家组成的原创童书研发平台。旗下作品曾获得2019年度“中国好书”，2019、2020年度“桂冠童书”等荣誉；创作内容多次入选“原动力”中国原创动漫出版扶持计划。作为中国新闻出版业科技与标准重点实验室（跨领域综合方向）授牌的中国青少年科普内容研发与推广基地，米莱童书一贯致力于对传统童书进行内容与形式的升级迭代，开发一流原创童书作品，适应当代中国家庭更高的阅读与学习需求。

策 划 人： 刘润东　张秀婷

原创编辑： 窦文菲

知识脚本作者： 于利 北京市海淀区北京理工大学附属小学数学老师，34年小学数学教学经验，海淀区优秀“四有”教师。

漫画绘制： Studio Yufo

专业审稿： 苑青 北京市西城区育才小学数学老师，32年小学数学教学经验，多次被评为教育系统优秀教师。

装帧设计： 张立佳　刘雅宁　刘浩男

封面插画： 孙愚火

图书在版编目（CIP）数据

这就是数学. 知识宇宙中心之争 / 米莱童书著绘

. -- 北京 : 北京理工大学出版社, 2023.3（2025.4重印）

ISBN 978-7-5763-2026-8

Ⅰ. ①这… Ⅱ. ①米… Ⅲ. ①数学—儿童读物 Ⅳ. ①O1-49

中国国家版本馆CIP数据核字(2023)第000603号

责任编辑： 陈莉华　吴　博　　**文案编辑：** 陈莉华

责任校对： 刘亚男　　**责任印制：** 王美丽

出版发行 / 北京理工大学出版社有限责任公司

社　　址 / 北京市丰台区四合庄路6号

邮　　编 / 100070

电　　话 / (010)82563891(童书售后服务热线)

网　　址 / http://www. bitpress. com. cn

版 印 次 / 2025年4月第1版第10次印刷

印　　刷 / 朗翔印刷（天津）有限公司

开　　本 / 710 mm x1000 mm　1/16

印　　张 / 2.5

字　　数 / 70千字

定　　价 / 200.00元（全8册）